畅游蓝色世界
保护美丽家园

何 平　李梦遥　段　妍　高学文　编著

中国农业出版社

图书在版编目（CIP）数据

畅游蓝色世界　保护美丽家园/何平等编著.—北
京：中国农业出版社，2017.7
ISBN 978-7-109-22970-9

Ⅰ.①畅… Ⅱ.①何… Ⅲ.①海洋-青少年读物
Ⅳ.①P7-49

中国版本图书馆 CIP 数据核字（2017）第 112832 号

中国农业出版社出版
（北京市朝阳区麦子店街 18 号楼）
（邮政编码 100125）
策划编辑　郑　珂　周锦玉
文字编辑　刘昊阳

北京万友印刷有限公司印刷　新华书店北京发行所发行
2017 年 7 月第 1 版　2017 年 7 月北京第 1 次印刷

开本：700mm×1000mm　1/16　印张：8.25
字数：150 千字
定价：25.00 元
（凡本版图书出现印刷、装订错误，请向出版社发行部调换）

前　言

　　自然界生命的出现都源于海洋，人类也不例外。占地球面积约70％的海洋，美丽而神秘。一个朝霞灿烂的早晨，光彩缤纷，海水被染得万紫千红，漾起的微微涟漪上闪烁着无数的星点，晶莹亮丽；白色的海鸥，在蔚蓝的海面追逐嬉戏，翩翩起舞；远处白帆点点，汽笛长鸣，在海空回荡……海洋是多么美丽、温柔啊！可是，难以想象的是，大海会突然间收起它的温柔，展现出它的另一面。你看，就在顷刻之间，天空乌云翻滚，海面波涛汹涌，巨浪此起彼伏，展示着它无尽的力量。而在一阵狂怒之后，它又会很快平静下来，温柔地露出醉人的微笑，真的是让人捉摸不透。面对如此美丽而又反复无常的大海，自古以来人们就怀着对它的敬畏之情，渴望了解它，征服它。但是，在科学和技术并不发达的古代，这只不过是美好的愿望而已，所以人们就对大海产生了很多幻想，那些美丽的神话传说也就这样诞生了。人们依靠想象认识过去，也依靠想象寄希望于未来。

　　爱因斯坦曾经说过："我们所经历的最美妙的事情就是神秘，它是人的主要情感，是真正的艺术和科学的起源。"说科学就是一种解谜活动不无道理，其实人类社会的进步就是在不断与未知进行着博弈。伟大诗人屈原在他的《天问》中一口气问了170多个问题，恰恰体现出了人类所独具的强烈的探索精神。

　　面对神秘莫测的深邃海洋，每个读者朋友都会有问不完的问题，海洋究竟是怎样形成的？那么多的海水又是从何而来？海洋里生活着多少种生物？大海和我们人类究竟有哪些关系？海洋中隐藏着多少不为人类所知的奥秘和奇妙景观？带着这样的问题，现在就让我们走近海洋、探秘海洋，满足青少年的强烈好奇心和探索欲，科学健康地指导他们了解海洋、认知海洋，进而提高人们保护海洋的历史责任感。

　　读者朋友们，阅读本书一定会让你们对海洋产生极大兴趣！海洋里丰富的生物和非生物资源，都正等待着我们去开发和利用。但我们更要知道，所有这些宝藏都应该得到最大限度的保护，只有这样，我们的地球家园和人类社会才有可能健康、可持续地发展下去。

编　者

2016 年 12 月

目 录

一、海洋成因

人们知道海洋的形成是很久很久以前的事了，但究竟有多久？是如何诞生的？这是一个人类探讨了几千年的自然之谜。古今中外大都有过很多的臆想和猜测，科学家们也曾做了许多探究，提出了各种各样的假说，有许多大相径庭的解释。但随着近几十年科技的发展，人类对自然的认识不断深化，对海洋的成因提出了又一新的假设，而这种假设被大多数人所接受。

大约在50亿年前，太阳星云团块不断地被分离出来，它们在围绕太阳旋转的同时也在不停地自转。在运动过程中，由于互相碰撞，有些团块会彼此结合，由小变大，逐渐成为初始的地球。在碰撞的同时，强大的引力作用使其急剧收缩，加之内部放射性元素蜕变，致使原始地球不断受到加热而增温，当内部温度达到足够高时，所含的物质，包括铁、镍等便开始熔解。在重力的作用下，团块重的开始下沉并趋向地心，集中后形成地核；轻者则上浮，形成地壳和地幔。由于内部的温度越来越高，水分汽化与气体便一起冲出来，飞向空中。但是由于地心的引力作用，它们是不会跑掉的，都围绕在地球周围，形成气水合一的圈层。

在地球表面的一层是地壳，在冷却凝结过程中不断受到地球内部剧烈运动的冲击和挤压而变得褶皱不平，有时会被挤破，形成地震与火山爆发，进而喷出岩浆与热气。这种情况的发生在当时是比较频繁的，后来渐渐变少而趋于稳定。其实，这种轻重物质分化所产生的大动荡、大改组的过程，大约是在45亿年前就已经完成了。地壳经过不断地冷却凝结而定形，这时看地球，表面布满褶纹，凹凸不平，就像个核桃，这时地球上就有了高山、平原、河床、海盆等各种地形。

又经过了漫长的时间，天空中的水汽与大气共存于一体，浓云密布，天空一片昏暗。大气的温度随着地壳逐渐冷却而慢慢降低，这时空中的尘埃与火山灰成为水汽的凝结核，使其演变成水滴，越积越多。但由于冷却不均，造成空气对流剧烈，进而形成雷电狂风，暴雨浊流就这样从天而降。这是地球上的第一场雨，也是一场极不平常的雨，它没有止息地一直下了几百年。奔流不息的洪水越过千沟万壑，汇集成巨大的水体，这就是原始的海洋。对于原始的海洋来说，海水还不是咸的，是带酸性而又缺氧的。但由于水分不断蒸发，便凝云致雨。陆地和岩石中的盐分被重新落回到地面的雨水溶解、夹带，不断地汇集于海水中。又经过亿万年的积累融合，今天的海水才变成了大体均匀的咸水。由于当时大气中没有氧气，也没有臭氧层，强烈的紫外线能直接照射到地面，所以，在海水的保护下，生物首先在海洋里诞生。大约是在 38 亿年前，海洋里开始产生了有机物，也就是低等的单细胞生物。到了 6 亿年前的古生代，有了海藻类，这些海藻靠阳光的光合作用产生了氧气，慢慢形成臭氧层。这时，海中生物才开始登上陆地。

总之，经过水量和盐分的逐渐增加及地质历史上的沧桑巨变，原始海洋逐渐演变成了今天的海洋。这一假设虽然汲取了近几十年来的科技成果，比较合乎情理，也让多数人接受，可以说是向前迈进了一大步，但是并不等于由此完全揭开了海洋成因之谜。

无论海洋是怎样形成的，它展现在我们面前的却是一幅美丽的画卷，湛蓝的海水清澈见底，澄净的天空中朵朵白云倒映在海底。一片纯净的蓝色，如此简单，如此明朗，这就是海洋生物栖息的环境，也是神奇的海洋世界。朵朵白云下是一望无际的深蓝色海洋，在烟波浩渺的海洋里，生活着无数的海洋生物，我们所生活的这个蓝色"大水球"中蓝白相间的颜色就来自于白云和大海，更加奇妙的是，云与海都是水的不同形态。当俯视大海，整个海洋看起来就像一个偶尔泛起涟漪，又偶尔波涛汹涌的舞台，无论生活在哪里，总是在穹顶下方的中央。想到这一切，便会发觉海洋的广阔是如此震撼人心。海洋带着它丰富的底蕴和莫测的面纱，有的蔚蓝，有的碧绿，娴静时波光粼粼，汹涌时海浪滔天，壮阔而又神秘，人类对海洋充满了无限的想象与探索。地球上约有 71% 的面积是海洋，其总面积大约有 3.6 亿千米^2，含水量多达 13.5 亿多千米^3，约占地球上总水量的 97%，但是海洋里的水只适合海洋生物，人类能够饮用的只占 2%。虽然人类不生活在海洋里，但是对海洋的探索一直没有停歇，然而大部分海底世界对于人类来说还是未知的。

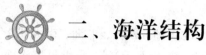 **二、海洋结构**

人们总是习惯地把"海"和"洋"合在一起称为"海洋",实际上"海"和"洋"根本就不是一回事,它们具有各自不同的含义。那么"海"和"洋"如何进行区别呢?

（一）海洋的划分

地球上的陆地是断开的,没有统一的世界大陆,全部陆地都是被海洋分开或包围着的。而海洋却是相互贯通的,它们连成一片,构成了统一的世界水域。根据海洋要素特点及形态特征,从区域范围上可将海洋分为洋、海、海湾和海峡。

1. 洋

洋或称大洋,是海洋的中心部分和主体部分,距离大陆较远,其面积十分广阔,约占海洋总面积的 90.3%;其深度也深,一般超过 2 000 米。其中的要素,如盐度、温度等不受大陆影响,并且具有稳定的理化性质和独立的潮汐系统,以及强大的洋流系统。

大洋通常被划分为五大部分,即太平洋、大西洋、印度洋、北冰洋和南冰洋。其中,太平洋是面积最广阔、深度最深的洋。太平洋一词最早出现于 16 世纪 20 年代。当时,大航海家麦哲伦及其船队从西班牙起航,西渡大西洋,与惊涛骇浪搏斗,历尽艰辛到达了南美洲的南端,进入了一个狭长的水道。这里到处是险礁暗滩,波涛汹涌。过了海峡,船队仅剩下 3 条船了,队员也损失了一半。后来人们将这个艰险的水道命名为"麦哲伦海峡"。又经过 3 个月的航行，船队从南美洲来到菲律宾群岛。而这段航程再也没有遇到过一次风浪，海面十分平静，其实船队已经进入了赤道无风带。饱受了先前滔天巨浪之苦的船员们高兴地说："这真是一个太平洋啊!"从此，人们便把美洲、亚洲、大洋洲之间的这片开阔而平静的水域称为"太平洋"。太平洋总面积 18 134.4 万千米^2，占世界海洋面积近 1/2，占地球表面积 35.6%，相当于 10 个南美洲、18个中国。其跨度从南极大陆海岸延伸至白令海峡，西面为亚洲、大洋洲，东面则为美洲，跨越 151 个纬度。东西最宽 19 900 千米，南北最宽 15 500 千米。平均水深 3 940 米。太平洋蕴含着丰富的资源，尤其是渔业水产和矿产资源，居世界各大洋之首。

　　大西洋是世界第二大洋，是位于南美洲、北美洲和欧洲、非洲、南极洲之间，南北走向，呈 S 形的洋带。其总面积为 9 431.4 万千米^2，占世界海洋面积的 25.4%，占地球表面积的近 20%。相当于欧洲、亚洲、非洲、大洋洲四个洲面积的总和。大西洋南北长 15 742 千米，东西宽约 6 852 千米。从赤道南北分为北大西洋和南大西洋，北面连接北冰洋，南面则以南纬 66°与南冰洋接连，东面为欧洲和非洲，而西面为美洲。平均水深 3 575 米。大西洋中群岛众多，像加勒比海中的大、小安的列斯群岛，佛德角群岛，马德拉群岛，古巴，海地等，非常值得我们关注。

　　印度洋面积居世界第三位，其总面积为 7 411.8 万千米^2，约占世界海洋面积的 21.1%，平均水深 3 840 米，仅次于太平洋。印度洋位于亚洲、大洋洲、非洲和南极洲之间，在世界海洋之中的地位十分重要，石油储量最丰富，以其世界最早开发的航道著称。因此可以说，谁控制了印度洋，谁就掌握了世界经济的钥匙。

　　北冰洋位于地球的最北面，大致以北极为中心，介于亚洲、欧洲和北美洲北岸之间，是五大洋中面积和体积最小且深度最浅的大洋，其总面积为 1 225.7万千米^2，最宽处约 4 233 千米，最窄处为 1 900 千米。北冰洋虽小，却具有重要的战略意义。

　　南冰洋也称南大洋或南极海，是世界第五个被确定的大洋，也是世界上唯一完全环绕地球却未被大陆分割的大洋。其面积为 2 032.7 万千米^2，海岸线长度为 17 968 千米。南冰洋是围绕南极洲的海洋，是太平洋、大西洋和印度洋南部的海域，以前一直认为太平洋、大西洋和印度洋一直延伸到南极洲，南冰洋的水域被视为南极海。但因为海洋学上发现南冰洋有重要的不同洋流，于是国际水文地理组织于 2000 年确定其为一个独立的大洋，即五大洋中的第四大洋。但在学术界依旧有依据"大洋应有其对应的中洋脊"而不承认南冰洋这一称谓的观点。

2. 海

海是大洋的附属部分，也是海洋靠近大陆的部分。海的内侧是大陆，外侧是大洋，中间以群岛、岛屿为界。海的面积比大洋小得多，只占世界海洋总面积的9.7%。海水深度比较浅，一般在2 000米以内。正是由于海临近大陆，受大陆、河流、气候和季节的影响，海水的温度、盐度、颜色和透明度都有明显的变化。到了夏季，海水会变暖；冬季水温降低，甚至有的海域还要结冰。在大河入海的地方，或在多雨的季节，海水会变淡。加之河流夹带着泥沙入海，使近岸海水混浊不清，其透明度差。海无法掌控自己的潮汐与海流，潮波多是由大洋传入的。但是，海水的潮汐涨落往往比大洋更为显著，并且海流有自己的环流形式。

我们按照所处的地理位置可以将海划分为边缘海、内陆海和陆间海。边缘海既在海洋的边缘，又邻近大陆的前沿，所以，这类海与大洋联系广泛，大多由一群海岛将其与大洋分开，但水流还是可以交换畅通的，类似我国的东海、南海就是太平洋的边缘海。内陆海，顾名思义就是位于大陆内部的海，一般面积都比较小，大陆因素对它们的影响强烈，如我国的渤海和欧洲的波罗的海就属于内陆海。陆间海泛指大陆与大陆之间的海，它们的面积和深度都比较大，而且海底的地貌也比较复杂，受大陆影响相对较小，如地中海和加勒比海就是陆间海。世界主要的海接近50个，太平洋最多，大西洋次之，印度洋和北冰洋海的数量相差无几。

当然，"海"和"洋"是相互连通、不可分割的。一般来说，"海洋"这个词代表着这个整体，但也有例外，在美洲西海岸的广阔水域，"洋"和"海"之间并没有岛屿和群岛分布，在这种情况下，只能根据海底地形来划分了。在那里，人们把陆架和陆坡所占据的水域称作"海"，自然海以外的水域称为"洋"。

3. 海湾

海湾是洋或海延伸进大陆且深度逐渐减小的水域，一般以入口处海角之间的连线或入口处的等深线作为与洋或海的分界。需要指出的是，由于历史上形成的习惯叫法，有些海和海湾的名称被混淆了，有的海被称作湾，如北大西洋的墨西哥湾、印度洋的孟加拉湾和波斯湾；有的湾则被称作海，如阿拉伯海等。海湾中的海水可以与毗邻海洋自由沟通，故其海洋状况与邻接海洋很相似，但在海湾中常出现最大潮差，如我国杭州湾著名的钱塘江大潮最大潮差可达 9 米，甚为壮观。钱塘潮是世界三大涌潮之一（印度恒河潮、巴西亚马逊潮和中国钱塘潮），是天体引力和地球自转的离心作用，加上杭州湾喇叭口的特殊地形所造成的特大涌潮。浙江省海宁盐官镇为最佳观潮胜地，故亦称"海宁潮"。诗云："钱塘一望浪波连，顷刻狂澜横眼前；看似平常江水里，蕴藏能量可惊天。"潮头初临时，江面闪现出一条白线，伴之以隆隆的声响，潮头由远而近，飞驰而来，潮头推拥，鸣声如雷，顷刻间，潮峰耸起一面三四米高的水墙直立于江面，喷珠溅玉，势如万马奔腾。观潮始于汉魏，盛于唐宋，历经 2 000 余年，已成为当地的习俗。

4. 海峡

海峡即两端连接海洋的狭窄水道。具体说来，海峡通常位于两个大陆或大陆与邻近的沿岸岛屿以及岛屿与岛屿之间，有的沟通两海，如台湾海峡沟通东海与南海；有的沟通两洋，如麦哲伦海峡沟通大西洋与太平洋；有的沟通海和洋，如直布罗陀海峡沟通地中海与大西洋。海峡是由于地峡的裂缝经长期海水通过的侵蚀或海水淹没下沉的陆地低凹处而形成的，因水道狭窄，造成水深流急且多涡流。海峡内的水文要素，如海水温度、盐度、水色、透明度等，在水平和垂直方向上的变化较大。海峡的底质多为坚硬的岩石或沙砾，以及较多的细小沉积物。由于海峡受不同海区水团和环流的影响较大，所以海水状况通常比较复杂。海峡的地理位置特别重要，不仅是交通要道、航运枢纽，而且历来是兵家必争之地。因此，人们常把它称为"海上走廊""黄金水道"。据统计，全世界共有海峡 1 000 多个，其中适宜于航行的海峡有 130 多个，交通较繁忙或较重要的只有 40 多个。

（二）大陆架

大陆架是大陆向海洋的自然延伸，通常被认为是陆地的一部分，又称"陆棚"或"大陆浅滩"，简单点说就是被海水所覆盖的大陆。在过去的冰川期，由于海平面下降，大陆架常常露出海面成为陆地、陆桥；到了间冰期，冰川消退至今，部分陆地则被上升的海水淹没，成为环绕大陆的浅海地带。很明显，大陆架的形成是地壳运动或海浪冲刷的结果，在太平洋西岸、大西洋北部两岸、北冰洋边缘等区域分布较多。从地理学角度讲，大陆架的范围包括从海岸起在海水下向外延伸的一个地势平缓的海底地区的海床及底土，水深度一般不超过 200 米，海床的坡度一般不超过 0.1°。紧接大陆架的是大陆坡，海床坡度往往能达到3°～6°甚或更大，水深一般为200～1 500米。从大陆坡脚起，海床逐渐趋于平缓，称为大陆隆起或大陆基，其一般坡度只有1°左右，水深可逐渐加深至4 000～5 000米。大陆隆起之外是深海海底。大陆架、大陆坡和大陆隆起合称大陆边或大陆边缘。

国际法将大陆架定义为：邻接一国海岸却在领海以外的一定区域的海床和底土。沿岸国家有权以勘探和开发自然资源为目的对其大陆架行使主权权利。大陆架含有丰富的矿藏，已发现的有石油、煤、天然气、铜、铁等20多种矿产，其中已探明的石油储量是整个地球石油储量的1/3。

大陆架除矿产资源极为丰富外，海洋资源也相当可观。其浅海区是海洋植物和海洋动物生长发育的良好场所，全世界的海洋渔场大部分分布在大陆架海区，这些资源属沿海国家所有。

（三）海岛

海岛，简单地说就是海洋中的岛屿。从专业上讲，其地质学定义为：散布于海洋中、面积不小于500米^{2}的小块陆地。其法学定义为：四面环水并在高潮时高于水面的自然形成的陆地区域。有一位老航海家曾经说过："海洋里的岛屿，像天上的星星，数也数不清。"这句话形容了世界海岛之多。到目前为止，很难准确统计全世界海洋中的岛屿究竟有多少。因为海岛的形成有其特殊之处，所以按照不同的方法和标准去计算，有人说海洋中有10万个左右的岛屿，有人则说有20多万个。

在海洋里，除了明显的有地壳运动形成的大陆岛，有冰川活动形成的冰碛岛，有海浪侵蚀形成的侵蚀岛，有河口堆沙形成的冲积岛，还有就是由海底动植物遗体堆积形成的堆积岛。这类岛屿不一定是长时间露出水面的，比如有些地方的珊瑚礁像一串串珍珠，撒布在海面，潮水退下时，便露出一排排礁石，而当海水涨上来时，又被淹没在了水下。如果把这些只要露出海面的礁滩都算作是岛屿的话，那么，说世界上有20多万个岛屿，可能也有一定道理。

如果根据世界各国出版的地图书中发表的海岛数目统计，"世界上有10万个左右的海岛"的说法，也是有一定根据的。但是，世界各国统计计算的标准、方法也不完全一样：有的把10米^{2}以上或100米^{2}以上的礁石就算作海岛，有的把500米^{2}甚至1千米^{2}以上海洋中的小块陆地才算岛屿。显然，标准方法不同，所统计的数目也就不同。如印度尼西亚，它是世界上海岛最多的国家，印度尼西亚政府有关部门的统计为13 000多个，而印度尼西亚海军统

计为 17 000 个，一个国家不同部门统计的海岛数目就相差约 4 000 个。无论用何种方法计算，我们知道全世界的岛屿数量众多，大概估算全世界岛屿的面积共约 977 万千米^2，占陆地总面积的 1/15。无论用何种方法计算，数字都是不准确的，因为海岛也是有消有长的，其利用价值也在发生着变化。

　　在古代，由于人口稀少，有很多无人居住的岛屿成了流放、囚禁、屠杀的天然狱所。在宋代，一代名士苏轼花甲之年被贬至海南岛，此时的海南岛还是一块未开化的蛮荒之地，苏轼在此谪居三年；崇明岛是北宋时期著名的盐场，无数造盐工人均为朝廷的重刑犯；在南太平洋，遥远而荒凉的圣赫勒拿岛成了安放拿破仑的眠床；俄罗斯第一流放地萨哈林岛则曾留下作家契诃夫的足迹。

　　随着人类社会的发展和科技的进步，海岛越来越受到人类的重视。海岛是人类开发海洋的远涉基地和前进支点，也是第二海洋经济区，在国土划界和国防安全上也有特殊的重要地位。

三、海水产生

据第一个登上太空的宇航员加加林证实，他在太空中看到的地球是一个蓝色的星球。他说我们是不是给地球起错了名字，她应该叫"水球"。的确如此，海洋与陆地是地球表面最大的自然地理单元，海洋占地球表面的70.8%，陆地只有29.2%。地表大部分为海水所覆盖，因此，如果在太空中观望，地球虽极其渺小，却是一颗明珠般的蓝色水球。

（一）海陆分布

这个蓝色的水球在地表海陆分布上是极不均衡的。陆地主要集中在北半球，但是北极是海洋；海洋主要分布在南半球，但是南极是陆地。无论是在东、西半球，还是南、北半球，海洋面积均大于陆地面积。在北半球，海洋和陆地所占的比例分别为60.7%和39.3%；在南半球，海洋和陆地所占的比例分别为80.9%和19.1%。如果以经度0°、北纬38°这一点和经度180°、南纬47°这一点为两极，把地球分为两个半球，我们可以把它分别称为"陆半球"和"水半球"。"陆半球"的中心位于西班牙东南沿海，陆地约占47%，海洋占53%。"水半球"的中心位于新西兰的东北沿海，海洋占89%，陆地占11%，这个半球集中了全球海洋的63%，是海洋在一个半球的最大集中，这就是它们分别称为陆半球和水半球的原因。必须说明的是，即使在陆半球，海洋面积仍然大于陆地面积；水半球的特点，也不在于它的海洋面积大于陆地——因为任何一个半球都是如此，而在于它的海洋面积比任何一个半球的海洋面积都大。地球上的海洋，不仅面积超过陆地，而且它的深度也超过了陆地的高度。深度大于 3 000 米的海洋约占海洋总面积的 75％，而海洋的平均深度达 3 795 米，陆地的平均高度却只有 875 米，两者形成强烈对比（4.26∶1）。如果将高低起伏的地表削平，地球表面将被约 2 646 米厚的海水均匀覆盖。

（二）海水来源

辽阔的海洋，一望无垠，深不可测，海水总量占地球水总水量的 96.53％。近代兴起的天体地质研究表明，在地球的近邻中，无论是距太阳较近的金星、水星，还是距太阳更远一点的火星，都是贫水的，唯有地球得天独厚，拥有如此巨量的水，这不能不使人感到惊奇。那么，这么多的水是从哪里来的呢？

目前，关于海水的来源也是众说纷纭，有人认为这是地球所固有的，还有人认为是冰彗星冲入地球造成的。近年来，随着科学家对地球海洋起源的了解日益深入，大多数人认为海水的形成与地球物质整体演化作用有关。科学家认为海水是地球内部物质排气作用的产物，即水汽和其他气体是通过岩浆活动和火山作用不断从地球内部排出的。在现代火山排出的气体中，水汽往往占 75％以上，据此推测，地球原始物质中水的含量应当较高。地球早期火山作用排出的水汽凝结为液态水，就积聚成了原始海洋。还有些火山气体溶解于水，从而转移到原始海洋中，而另一些不溶或微溶于水的气体则组成了原始大气圈。在漫长的地球演化过程中，海水因地球排气作用不断累积增长，最初的原始海洋体积可能有限，深海大洋的形成也要晚些。根据对海洋动物群种属的多样性分析，至少在寒武纪以前就出现了深海大洋。海水的化学成分，一是来源于大气圈中或火山排出的可溶性气体，如 CO_2、NH_3、Cl_2、H_2S、SO_2 等，这样形成的是酸性水；二是来自陆上和海底遭受侵蚀破坏的岩石，受侵蚀破坏的岩石为海洋提供了钠、镁、钾、钙、锂等阳离子。目前海水中阴离子的含量，如 Cl^-、F^-、SO、HCO 等远远超过从岩石中吸取出的数量，因此，海水中盐类的阴离子主要是火山排气作用的产物，而阳离子则由被侵蚀破坏的岩石产生，其中有很大部分是通过河流输入海洋的。另外，受侵蚀的岩石也为海洋提供了部分可溶性盐。前寒武纪晚期以来，尽管地球上的海水量继续增加，特别是各种元素和化合物从陆地或通过火山活动源源不断地输入海洋，然而，海洋生物调节着海水的成分，促使碳酸盐、二氧化硅和磷酸盐等沉淀下来，硫酸盐、氯化物的含量相对增加，钙、镁、铁等大量沉淀，钠则明显富集，于是海水的成分逐渐演变而与现代海水成分相近。根据对动物化石的研究，在显生宙期间，海水的盐度变化不大。这说明，由于海洋生物的调节作用，世界大洋水的成分自古生代以来已处于某种平衡状态中。看来，要想揭开海水产生之谜，还需科学界的不断努力。

（三）海水温度

盛夏的骄阳让人们对海滨情有独钟。当你泡在海水中时，会感到凉爽畅快，但是当你上岸后，会发现沙滩仍然炙热逼人。你一定觉得奇怪，同在一轮烈日下，为什么海水与沙滩却是"冰火两重天"呢？原来，由于陆地与海洋的构成物质不同，所以即使在同一轮烈日的照耀下，它们的温度也会呈现出很大的差别。陆地的传热性较差，被太阳晒了一整天后，它所吸收的热量还只是集中在不到 1 毫米厚的表层内，能量大都散发出来了。而海洋的情况就不同了。海水是半透明的，太阳光可以透射到海洋里面。也就是说，太阳的辐射能可以到达海水的一定深度。经过长期研究，人们发现到达水面的太阳辐射能，大约有 60％可以透射到海面以下 1 米处，有 18％可以到达海面以下 10 米处，甚至有少量太阳辐射能可以到达海面下 100 米的地方。而这在陆地上是不可能的。另外，海洋可以通过海水的流动把热量送到别的地方，比如，海流可以把赤道附近的热海水往两极方向送，而两极方向的冷海水也可以通过海流向温暖的地方流动。风浪也会帮忙完成上下层海水的温度交换，你可不要小看这种风浪的作用，它所形成的海水温度的上下交换要比热传导作用大上千倍。在夏季和白天，海面上接受的热量较多，海水还能把已经吸收的热量传送到阳光透射不到的深层海水中贮存起来；而在冬季和夜晚，它又会反过来把贮存在海洋深层的热量输送到海面。这也是海洋与陆地不同的一个重要方面。需要注意的是，海洋虽然把太阳送来的热量都贮存起来了，但是因为体积太大，温度不可能升得很高，所以夏季的海水仍会使你打寒战。

此外，海水还能通过对流作用输送热量。这种对流作用是由于冷热海水的质量不同而形成的。就像冷空气重、热空气轻一样，海水也是冷的较重，热的较轻。于是，冷而重的海水就会自动下沉，暖而轻的海水会自动上升。由于这种对流的存在，即使冬天的海水也不会很冷。

水具有很大的热容量，它比土壤大 2～3 倍，比岩石大 5～7 倍，比空气大 3 000 多倍，而海水的热量收入主要来自太阳辐射。海洋面积辽阔、水量多、热容量大，所以海水温度变化缓慢，变化幅度也很小。来自太阳辐射的能量主要储于海洋中，随着纬度、深度和季节的变化而发生变化，海水的温度也会相

应地发生变化。值得注意的是，在靠近海岸的水域以及岛屿周围的海域，水温变化还受到陆源环境因素的影响，变化频率及温差幅度较之外海及大洋更为强烈。因此，它也直接影响着海洋生物的生存与发展。

那么海水温度的高低、升降与海洋生物的生存之间到底有怎样的关系呢？水温是海洋生物极为重要的生态限制因子，对于通过自然选择保留至今的每一种海洋生物来说，它们对水温的适应要求都有特定的范围，也就是说各自都有其所能忍受的，以及生长、发育和繁殖阶段所要求的最低、最高和最适宜的温度，因此，水温是海洋生物的生存区域、物种丰度及其变动情况的决定性因素。为此，我们根据海洋表层水温等温线与纬度平行分布格局，从生物地理学角度出发，把全球海洋分为：热带（25℃）、亚热带（15℃）、温带（北半球5℃，南半球2℃）和极地寒带（北半球<5℃，南半球<2℃）四个温度带。再根据各种海洋生物对温度变化的耐受限度，可分为广温性、狭温性或暖水性、温水性、冷水性等不同的生态类群。它们都被水温局限在不同的海域之内，充分反映出温度对海洋生物时空分布的无形阻隔。

（四）海水盐度

如果我们喝一口海水，会感到又苦又咸，所以即便再口渴也不能喝海水。这是因为海水中含有一定的盐分，然而与之相连的江河水都是淡淡的。据科学家估算，如果将海水中所有的盐全部提取出来，其重量将达5亿亿吨。

海水为什么会咸呢？对这一现象的产生历来也是猜测不断。有趣的是，在斯堪的那维亚半岛有一个民间故事说，海水之所以总是咸的，是因为在海底有一个神仙，它有一盘磨盐的磨子在不停地转动，所以海水一直是咸的。当然，这种解释是没有任何科学依据的。在科学界，一种观点认为，地球上最初形成的地表水（包括海水）都是淡水，这些淡水不断冲刷泥土和岩石，将可溶的盐类物质带到了江河之中，而江河中的水最终流入了大海。海洋中的水分不断蒸发，盐类却一直保存下来，越积越多，于是海水就变成咸的了。按照这种说法，随着时间的流逝，那海水不就变得越来越咸了吗？其实在某些海域是会发生这种现象的，比如死海，就是世界上最咸的海。死海的盐度可以达到4%，普遍观点认为，这是由死海的陆源补给低于蒸发所导致的。而在大部分海域中，当海水的蒸发和来自大陆江河淡水的补给达到动态平衡时，海中的盐度就不会有太大的变化。有人曾对海水和河水的成分做过比较，发现它们的成分比较相似，只是各种盐类的含量不同。如果海水是通过地球上的水循环从陆地汇集到海洋里的，那么海水与河水中各种盐类的含量就不应该存在如此大的差异。另外一种观点认为，盐是海洋中的原生物。不过，最初的海水并不像现在这样咸，由于可溶的盐类物质不断溶解，再加上海底不断有火山喷发出盐分，海水才逐渐变成现在这样。这些观点都有不完善的地方，并不能完全解释海水中的盐来自哪里。随着科学研究不断前进，人们总有一天会揭开海盐来源之谜。

海水比陆地水含有更多的盐已是不争的事实。那么，海水的盐度对海洋生物又有哪些影响呢？其实，各种海洋生物对盐度的适应同它们适应温度是一样的，都有各自的"生态幅"。因此，我们可以把海洋生物区分为狭盐性种和广盐性种两大类。前一类包括生活在外海大洋和近海潟湖，尤其是大洋深水区的生物，亦可称之为高盐性种；后一类则主要分布在盐度变幅较大的近岸浅海、海湾及近河口区。由于大多数海洋生物体和海水是等渗性的，所以盐度对于海洋生物的作用主要在于影响其渗透压。虽然海洋硬骨鱼类的血液和组织里的含盐量较低（它们是低渗透压的），但它们在咽下水分与经过鳃时可主动排出盐分而调节渗透压。如果渗透压发生剧烈变化，可导致生物细胞破裂或"质壁分离"，损坏细胞正常结构，从而影响生物的新陈代谢，甚至危及生命。另一方面，海水中存在生命所必需的全部溶解盐类——生物盐，也称生物离子。其中氮和磷酸盐被认为是生物的常量营养物质，这对海洋植物尤为重要。与陆地生物一样，充足的"肥料"是保证"产量"的重要因素，海水中生物盐浓度能直接影响海洋植物的丰度，从而影响到海域的初级生产力。哈钦森曾提出，"在生物体内所有的元素当中，以磷的生态学意义最大，因为生物体内磷和其他元素的比例，要比这些元素最初来源的比例大得多。所以，除水之外，磷的缺乏，比任何其他物质的缺乏都更为限制地球表面任何地区的生产力。"氮、磷之后是钾、钙、硫、镁等，钙是软体动物和脊椎动物等必需的，镁是叶绿素的必要成分，而叶绿素是植物进行光合作用的基础。

海洋生物除了需要大量的常量营养物质外，生物生命系统活动中还需要微量营养物质。艾斯特曾明确地提出植物所必需的十种微量营养物质，并按其功能分为三类：①光合作用所必需的，包括锰、铁、氯、锌、钒；②氮代谢需要的，包括锰、硼、钴、铁；③其他代谢功能需要的，包括锰、硼、钴、铜、硅。它们中的大多数元素也是动物所必需的。

许多微量营养物质和维生素相似，对生物的生命活动过程起着催化剂作用。这些营养物质的来源，一部分从陆地，由江河带入海内；另一部分通过生

物尸体、有机物的分解，以及海底沉积物由水体垂直混合再带入水层而被再利用。因此，在不同海区、水体内的含量分布亦是不均匀的。上述物质的量过少或过多都会影响生物生命系统活动的正常运行，即起到限制作用。

（五）海水深度

海洋到底有多深？海底是崎岖的还是平坦的？这些问题不断激发着人类去探索海底这个神秘世界。长久以来，人们用各种方式来估测海洋的深度，但广阔的海底世界又岂是靠一次次的测量就能够完全了解的呢？直到 20 世纪晚期，船舰在航行途中运用了回声测深仪，快速地测出海底深度并结合精确定位，才得以揭示海底地形的真相。洋底有高耸的海山、起伏的海丘、绵长的海岭和深邃的海沟，也有坦荡的深海平原。现在，科学家们利用太空卫星来了解海底情况，发现纵贯大洋中部的大洋中脊绵延 8 万千米，宽达数百至数千千米，总面积堪与全球陆地相比，其长度和广度为陆上任何山系所不及。大洋最深点深 11 034 米，位于太平洋马里亚纳海沟，这一深度超过了陆上最高峰珠穆朗玛峰的海拔高度（8 844.43 米）。太平洋中部夏威夷岛上的冒纳罗亚火山海拔 4 170 米，而岛屿附近洋底深五六千米，冒纳罗亚火山实际上是一座拔起洋底高约万米的山体。也就是从那时开始，人们才逐渐认识到海洋之深，并在垂向上延伸了人类的活动空间。

海水深度对生物有哪些影响呢？海水深度对生物最明显的影响是流体静压力和光照深度。

流体静压力是指生物的耐受压。在海洋中，深度每增 10 米，压力就会增加 101.325 千帕，到海洋最深处，压力可超过 $1.013\,25 \times 10^5$ 千帕。相对于海洋生物来说，许多动物能够耐受变化范围很大的压力。显然，生活在深渊海底的生物的生命活动会比较缓慢，如深海中的蛤，大约需 100 年的时间才能长到 8.4 毫米的长度。

光照深度是指光线在水体中所照射的程度。光照强度随着水深的增加而下降。在清澈的海水中，光线在水深 25 米处，其大部分红光被吸收，依次是橙光、黄光和绿光；在清澈的大洋区，光线透射的深度可达 200 米，但这里仅有在波长 495 纳米附近的蓝光；在混浊的沿岸带水体中，有效的光线透射很少能超过 30 米水深。因此，海洋水体的光照深度就呈现出浅薄的透光带和深厚的无光带两大部分。为数极少的海洋高等植物和大量的大型多细胞藻类植物被局限在海岸带，而在辽阔无垠的大洋区，初级生产者主要是浮游植物和光合微生物等，它们生活在浅薄的透光带，依靠光合作用生产有机物，并作为海洋食物链的基础，启动海洋生态系统中能流的运转，亦为在无光带黑暗环境下生活的海洋动物提供了必需的原初食物。黑暗的无光带内，由于海洋植物无法生活，因此这里就成为海洋动物和一些微生物的世界，为数众多的是肉食性、腐食性动物，它们能够捕食其他动物或利用有机碎屑和生物尸体的分解所提供的能量。

（六）海水颜色

晴朗的夏日，我们站在海边，面对烟波浩渺的大海极目远眺，水天一色。蔚蓝色的海面，辉映着蔚蓝色的天穹，极为壮观。然而，当你舀起一盆海水去观察，你会发现海水和普通水没什么两样，都是无色透明的。那么大海的蓝色是谁的杰作呢？

醉美黑石礁
（辽宁省海洋水产科学研究院　关晓燕 摄）

原来，海水的五颜六色是海水对光线吸收、反射和散射形成的。在一定的波长范围内，若物质对通过它的各种波长的光都作等量（指能量）吸收，且吸收量很小，则称这种物质具有一般吸收性；若物质吸收某种波长的光能比较显著，则称这种物质具有选择吸收性。其中，选择吸收是物体呈现颜色的主要原因。太阳光照射到海面时，一部分光被反射回来，另一部分光折射进入水中。进入水中的光线在传播过程中会被水吸收。人眼能看见的七种可见光（红、橙、黄、绿、青、蓝、紫），因其波长不同，它们被海水吸收、反射和散射程

度也不相同。其中，波长较长的红光、橙光、黄光，穿透能力较强，射入海水后易被水分子吸引，并随海洋深度的增加均匀地被海水吸收。一般来说，当水深超过 100 米时，这三种波长的光就基本被吸收掉了，并使海水的温度升高，而波长较短的蓝光、紫光和部分绿光穿透能力弱，遇到水分子或其他微粒容易发生反射和散射。所以当海水明净清澈时，被海水吸收最少的蓝光和紫光就反射和散射到我们眼里，我们看见的大海就呈现出蓝色。人们不禁要问，紫光波长最短，散射和反射应当最强，为什么海水不带紫色呢？试验表明，人眼对紫光很不敏感，因此对海水反射的紫光视而不见。海水不呈现紫色，完全是因为人眼没有如实反映情况。

 # 四、海水运动

巴拿马运河被人们称作"世界桥梁"，是因为运河的大部分河段竟高出海平面 26 米，船只在通过运河时就如同过桥一样。真是太奇妙了！很多人都不明白，既然地球上的大洋是相通的，为什么不同地方的海面会有高低不平之分呢？为什么海水不是均匀地"铺"在地球上，而会有相当大的落差呢？这里边又蕴含着怎样的玄机？

广阔无垠的海洋，永远处于不停的运动之中，并随着纬度、洋流、潮汐等因素的变化而变化。水的运动不仅仅发生在表层，而且直至近底层的深处。水的移动不仅可以在水平方向上，而且也发生在垂直方向上。水的运动不仅仅是输送水量，而且同时输送能量和物质，促进了海洋生态的良性循环并影响全球的气候变化。

海水运动的结构主要包括：首尾相接且规模宏大的洋流系统；周期性涨落和水平运动的潮汐系统；澎湃激荡起伏不定的波浪系统；前赴后继永无休止的混合系统。

（一）首尾相接的洋流系统

洋流又称海流，是指大洋表层海水长年大规模地沿一定方向进行的较为稳定的流动。巨大的洋流系统促进了地球高低纬度区域的能量交换，这种能量交换会改变其环境特征。洋流可以是一支浅而狭窄的水流，仅仅沿着海洋表面流动，也可以是一股深而广阔的洪流，携带着数百万吨海水前进。

尽管各大洋洋流的分布和流动的方向很复杂，但还是有规律可循的。

在赤道至南北纬 40°或 60°之间，形成了一个低纬度环流，其流向在北半球呈顺时针方向，南半球呈逆时针方向，每个环流的西部都是暖流，东部都是寒流。在北纬 40°或 60°以北形成了一个高纬环流，其环流方向为逆时针方向，环流西部为寒流，东部为暖流。赤道以北的北印度洋，因位于北回归线以南属季风洋流，冬季吹东北季风，表层海水向西流，洋流呈反时针方向流动；夏季吹西南季风，表层海水向东流，洋流呈顺时针方向流动。东西方向流动的洋流，除南半球的西风漂流外，都具暖流性质。因此，洋流对大陆沿岸气候有很大影响，寒流经过的地区对气候有降温、减湿的影响；而暖流则对沿途气候有增温、增湿的作用。洋流的运动，及高低纬度间海洋热能的输送与交换，对全球热量平衡都具有重要作用，从而调节了地球上的气候。

洋流的成因包括大气运动和行星风系、密度差异、流体的连续性形成的补偿作用及陆地的形状和地球自转产生的地转偏向力等。其中，盛行风是形成洋流的主要动力，但是，在地转偏向力的作用下，这种风海流的流向并不与风向完全一致。需要说明的是，洋流的流向是指洋流流去的方向，这与风向的概念正好相反，风向指风吹来的方向。

如果按洋流的成因来分，可以分成三类：①因盛行风的摩擦应力而产生的风海流；②因海水密度不均而产生的密度流；③因流体的连续性而形成补偿作用的补偿流。其中以盛行风吹拂的风海流最为普遍。

1. 风海流

风海流也称吹送流，是在风力作用下形成的。盛行风吹拂海面，推动海洋水随风漂流，并使上层海水带动下层海水，形成规模很大的风海流。世界大洋表层的海流系统按其成因来说，大多属风海流。当风吹过海面时，海水开始流动，这时，表面海水在风力、地转偏向力和下层海水的摩擦力，以及风对海浪迎风面施加的压力的作用下向前移动。当这三种力取得平衡时，海流是处于稳定状态中，以相等的速度向前流动。此时的风海流如果是分布在中、低纬度海区，就会形成以副热带为中心的大洋环流。受地转偏向力的影响，这种大洋环流在北半球呈顺时针方向流动，在南半球呈逆时针方向流动。

海流形成之后，受海水连续性的影响，行星风系风力的大小和方向都随纬度而发生变化，导致岸边海水最大的辐聚或辐散，一方面，它使海水密度重新分布而出现水平压强梯度力，当它和地转偏向力平衡时，在相当厚的水平层中形成水平方向的地转流；另一方面，在赤道地区的风漂流层底部，海水从次表层水中向上流动，或下降而流入次表层水中，从而引起表层海水的下沉或下层海水的涌升。表层海水辐散，产生上升流；表层海水辐聚，产生下降流。

风海流对全球热量平衡有很大的作用，不仅促进高、低纬度之间热量的输送与交换，同时影响着气候的形成与分布。

2. 密度流

密度流是在密度差异作用下引起的。由于各海域海水的温度、盐度不同，引起海水的密度不同，从而造成海水水位的差异。在海水密度不同的两个海域之间便会发生海面的倾斜，倾斜后的海水自然就会流动，这样就形成了密度流。密度流一般分布在封闭海区与开阔海洋之间的海峡，如连接地中海与大西洋之间的直布罗陀海峡就是如此。直布罗陀海峡是连接大西洋和地中海的狭窄水道，由于地中海地区为地中海气候，夏季受副热带高气压带的控制，因此，降水量小蒸发量大，再加上流入地中海的河流较少，使地中海海水的盐度较高，密度大，海水面较低，而大西洋气温较低，海水蒸发量较小，含盐量低且密度小。因此，密度高的地中海水在重力作用下从底层流向大西洋，使大西洋水面抬高，而表层水就会流向地中海。这样，在直布罗陀海峡就形成了密度流。地中海的密度流在第二次世界大战时曾被德军利用，攻击英国领地直布罗陀，因为潜艇通过密度流时既能浮到表层又能降到底层，不用开发动机就可以随洋流进出。这样一来，德军就避开了联军的监听，多次进出地中海，使英法联军的海军遭受巨大的损失。这就说明，一旦自然规律被人们发现并利用，就会发挥巨大的作用。再比如红海与印度洋、红海与地中海、波罗的海与北海、地中海与黑海都属于密度流。

3. 补偿流

补偿流是由风力和密度差异所形成的洋流。因为海水挤压或分散，当某一海区的海水减少时，相邻海区的海水便来补充，这样就形成了补偿流。补偿流既可以水平流动，也可以垂直流动，垂直补偿流又可以分为上升流和下降流，如秘鲁寒流就属于上升补偿流。垂直补偿流，主要分布在沿岸地区。在海岸附近，海水受风力作用会发生运动，当离岸风吹来，表层海水便可随风离岸而去，导致邻近海区的海水流速增大，进而补偿海水缺失，下层海水也随之上升到海面来，补偿流去的海水形成上升流。尽管上升流流速很小，但由于它长年存在，使水温显著下降，加之沿海多云雾笼罩，日照不强烈，利于沿海的浮游生物的大量繁殖。同时上升流将营养盐类物质不断地带上表层，使浮游生物大量生长，为鱼类提供饵料，因此，上升流海区往往会形成重要的渔场，比如秘鲁渔场就得益于秘鲁寒流（上升补偿流）。当表层海水遇到海岸或岛屿阻挡时，

海水聚集在水平方向上发生分流，在垂直方向上就会产生下降流。

洋流的形成除了受上面所提到的这些因素影响外，还受到陆地形状和地转偏向力影响。陆地形状和地转偏向力会迫使洋流在运动过程中的流动方向发生改变。岛屿与大陆的海岸，对海流也有影响，不是使海流转向，就是把海流分成支流。不过一般来说，主要的海流都是沿着各个海洋盆地四周环流的。由于地球自转影响，北半球的海流以顺时针方向流动，南半球的流动方向则相反。

洋流对海洋中多种物理过程、化学过程、生物过程和地质过程，以及海洋上空的气候和天气的形成及变化，都有影响和制约作用，因此了解和掌握洋流的规律对渔业、航运、排污和军事等都有重要意义。

(二) 周期性涨落的潮汐系统

凡是到过海边的人们，总会看到海水有一种周期性的涨落现象：到了一定时间，海水会"推波逐澜"，簇拥着迅猛上涨，转眼间便达到高潮，海滩也瞬间被海水淹没；过了一段时间后，上涨的海水又"你推我搡"，欢畅着自行退去，出现了低潮，渐渐地留下一片湿漉漉的沙滩。海水就是如此循环往复，永不停息。法国文学家将这种现象称之为"大海的呼吸"。海水的这种运动现象就是我们所说的潮汐。

潮汐，严格来讲应该包括地潮、海潮和气潮。海潮现象十分明显，并且与人们的生活息息相关，如海港码头、航运交通、军事活动、渔盐产业、近海环境研究与污染治理等，特别是永不休止的涨落运动蕴藏着极为巨大的能量，这一能量的开发利用也引起了人们的极大兴趣。所有这些都与潮汐现象密切相关，因而习惯上将潮汐一词狭义理解为海洋潮汐。

潮汐现象是沿海地区的一种自然现象，指海水在天体（主要是月球和太阳）引潮力作用下所产生的周期性运动。习惯上把海面垂直方向的涨落称为潮汐，而海水在水平方向的流动称为潮流。潮汐现象的特点是每昼夜有两次高潮，昼涨称潮，夜涨称汐。简而言之"潮"指白天海水上涨，"汐"指晚上海水上涨，不过通常我们往往将潮和汐都称为"潮"。在外海，由于潮波沿江河上溯，也会使得江河下游同样有潮汐出现。

对于潮汐的形成，从古至今人们一直在进行着研究。我国古代余道安在他所著的《海潮图序》一书中说："潮之涨落，海非增减，盖月之所临，则之往从之。"哲学家王充在《论衡》中也写道："涛之起也，随月盛衰。"他们都提出了潮汐的出现与月亮有关。到了 17 世纪 80 年代，英国科学家牛顿发现了万有引力定律之后，提出了月亮和太阳对海水的吸引力引起潮汐的进一步假设，科学地解释了产生潮汐的原因。到了现代，科学家们经过深入细致的研究，提出了潮汐主要是因为地球自转时产生的离心力造成的普遍化运动。同时月球引力、太阳引力和其他天体对潮汐也会有重要影响，比如我国的钱塘江大潮就是地月关系造成的。由于地理位置与环境的不同，潮汐系统也都会发生改变，具有各自的特征。尽管潮汐很复杂，但对于任何地方的潮汐都可以进行准确预报。潮汐是非常守时的，它几乎和时钟一样准，月亮绕地球一周是 24 小时 48 分钟，潮汐的周期也是 24 小时 48 分钟，一昼夜之间大部分海水有一次面向月亮，一次背对月亮，海水自然有两次涨落。

海水因潮汐及潮水流动而产生能量，而这种能量是永恒的、巨大的。在涨潮的过程中，汹涌的海水具有强大的动能，而随着海水水位的升高，这种动能又被转化为势能；在落潮的过程中，奔腾的海水缓缓而退，随着水位降低，势能又被转化为动能。世界上潮差较大值为 13～15 米，但一般说来，平均潮差在 3 米以上就有实际的应用价值了。海水在运动过程中所具有的大量动能和势能，便称为潮汐能。科学家们认为，世界上的潮汐能超过 10 亿千瓦，它的绝大部分蕴藏在窄浅的海峡、海湾和河口地区，美国和加拿大的劳迪湾的最大潮差可达 18 米，潮汐能达 2 000 万千瓦。我国的黄海可达 5 500 万千瓦。因为我国海岸线很长，仅大陆海岸线就长达 18 000 多千米，沿海还有许多小港湾、小河口，都是潮汐能利用的好场所。我国的潮汐资源如此丰富，为潮汐能的开发利用提供了有利条件。

（三）澎湃激荡的波浪系统

波浪是指具有自由表面的液体的局部质点受到海风的作用和气压变化等影响，离开原来的平衡位置而向上、向下、向前和向后方向的做周期性起伏运动，并向四周传播的现象。波浪形成后，液体表面会出现此起彼伏的波动。当波浪涌上岸边时，由于海水深度越来越浅，下层水的上下运动受到了阻碍，受物体惯性的作用，海水的波浪越涌越多，层层相叠，一浪高过一浪。与此同时，随着水深的变浅，下层水的运动所受阻力越来越大，以至于到最后它的运动速度慢于上层的运动速度，受惯性作用，波浪最高处向前倾倒，摔到海滩上，成为飞溅的浪花。

波浪形成的实质就是海水质点在它的平衡位置附近产生的一种周期性的震动运动和能量传播。当波浪经过时，水质点便画出一个圆圈；在波峰上，每个质点都稍稍向前移动，然后返回波谷中和它们原来差不多的位置。波形向前传播，水质点却并没有随波前进，这就是波浪运动的实质。

质点的振动是风对水面的摩擦引起的。强风的结果形成巨浪，巨浪可能以峰谷间垂直高达12～15米的圆形涌浪形态在开阔大洋上传播数千千米。迄今观测到的最长涌浪的波长（相邻波峰之间的水平距离）为1 130米，波高21米。但是，当波浪传播到浅水时，其波峰便变陡，卷曲然后破碎，大量的碎波成为上爬浪整体冲上海滩，然后水又作为回流沿海滩斜坡流回。

波浪按其成因可分为：①在风力的直接作用下形成的风浪；②当风停止后，过当的波浪离开风区时出现的涌浪；③在海水内部，两种密度不同的海水相对作用而引起的内波；④海水在潮引力作用下产生的潮波；⑤气压突变产生的气压波；⑥船行作用产生的船行波；⑦由火山地震或风暴引起的海啸等。

风力的大小和风的作用时间与波浪的大小有密切关系。南纬40°～55°洋面上，是世界著名的大浪区，海员称这一纬度为"咆哮的40°""疯狂的40°"，就是因为那里海面辽阔，常年吹猛烈的西风，猛烈的风暴形成巨大的海浪，是典型的风浪。风浪是风引起的波浪，风吹到海面时，与海水摩擦，海水受到风的作用，随风飘荡，海面开始起伏，形成波浪。随着风速加大和风吹的时间增加，海面起伏越来越大，当波浪接近滨岸并且水变浅时，其速度便减小。如果海岸由交替的岬湾构成，那么，水在岬角前变浅要比在海湾深水处快。因此，波浪从海湾处向岬角侧部弯曲或折射，并在这里加强侵蚀过程。如果波浪以斜交的方向推进，那么折射也可能在平直海岸上发生，它们最终将在几乎与海岸平行的方向上破碎。

风浪的力量是巨大的，它的破坏力也是惊人的。在海洋上，波浪中的巨轮就像一片树叶上下飘荡。大浪可以倾覆巨轮，也可以把巨轮折断或扭曲。假如波浪的波长正好等于船的长度，当波峰在船中间时，船首船尾正好是波谷，此时船就会发生"中拱"；当波峰在船头、船尾时，中间是波谷，此时船就会发生"中垂"。这一拱一垂就像折铁条那样，几下子就会把巨轮拦腰折断。20世纪50年代就发生过一艘美国巨轮在意大利海域被大浪折为两半的海难。此时，有经验的船长只要改变航行方向，就能避免厄运，因为改变航向也就是改变了波浪的"相对波长"，就不会发生轮船的中拱和中垂了。

比风浪更为可怕的是海啸。海底或海边地震、火山爆发、山崩滑坡、陨石坠落等大地活动都可能引起海水中深厚水层突然剧烈的扰动，造成海啸的发生。海啸蕴含惊人的能量，传播速度很快，在深海看起来只是一波波的微浪，但到了浅海或者近岸，就会卷起狂涛骇浪，席卷陆地。海啸发生时，震荡波在海面上形成不断扩大的圆圈，一直传播到很远的地方。形成的巨浪以每小时600～1 000千米的速度，在毫无阻拦的洋面上呼啸驰骋，可行1万～2万千米的路程，并以摧枯拉朽之势，掀起10～40米波高的巨浪，几小时之内就能横过大洋，波长可达数百千米，席卷一切，吞没一切。一般情况下最先到达海岸的海啸可能是波谷，水位下落，暴露出浅滩海底，可过几分钟，巨大的波峰就会到来，这一进一退的破坏，将是毁灭性的。

海啸主要受海底地形、海岸线几何形状及波浪特性的控制。全球的海啸发生区域与地震带大致一致。全球有记载的破坏性海啸有260次左右，平均六七年发生一次。发生在环太平洋地区的地震海啸就占了约80%，而日本列岛及附近海域的地震又占太平洋地震海啸的60%左右，日本是全球发生地震海啸最多并且受害最深的国家。

2011年3月11日，日本当地时间14时46分，日本东北部海岸附近的海域发生了里氏9.0级地震，这打破了日本有史以来的强震震级记录。由于这次地震缘于板块间垂直运动而非水平运动，因此地震引发了高达30米的海啸，席卷了纵深达5千米的内陆，造成了大规模的人员伤亡，并带来了严重的环境和基础设施破坏。地震震中位于宫城县以东太平洋海域，震源深度海下10千米，东京有强烈震感。地震引发的海啸影响到太平洋沿岸的大部分地区。同时，地震造成日本福岛第一核电站发生核泄漏事故，导致严重的放射性污染风险，给整个太平洋沿岸带来威胁。

（四）永无休止的混合系统

海水混合是海洋中一种普遍的运动形式，参与这种运动的海水带着自己原来的特性由一个空间向另一个空间运动，从而使相邻海水的性质逐渐趋向均匀，并形成新的水团，这种运动结果总称为海水混合。海水混合过程就是海水各种特性（如热量、浓度、动量）逐渐趋向均匀的过程。

海水混合有分子混合、涡动混合和对流混合三种形式。分子混合是由于组成液体的分子和液体中溶解物的不规则运动所引起的；涡动混合是各种不同尺度的水块之间的混合；对流混合指海水发生垂直方向上的对流作用所导致的海水混合，它的运动取决于海水密度的垂直分布，而与海水是否运动无关。在上述三种混合中，分子混合的作用极其微弱，因此，分子混合的效应大都忽略不计。涡动混合是海水混合的重要形式。混合通过扩散、对流和平流三种途径

实现。

　　海水混合是具有区域性的：首先在海气界面，是海洋混合最为强烈的区域，其次是在海底部分的混合，再次是海洋内部的混合。由于这种混合现象完全是由热量与热量通过分子扩散而引起的，因此又称为"双扩散"效应。

　　海水的混合效应因季节和纬度的不同而不同：一方面，涡动混合在各季节、各纬度的海区均有发生，而对流混合却只在高纬度海区与降温季节时表现较强烈。在低纬度海区，对流混合难以发展，涡动混合则常年占据优势。另一反面，不论是涡动混合还是对流混合，在大陆架与浅海区，都比大洋更为强烈，特别是在高纬度海区，甚至可以达到海底。

　　风对涡动混合的影响在于它增强了海面的扰动并加大速度梯度，因此，当风速增大时，涡动混合便增强至海底。由潮汐现象引起的涡动混合与风力引起的涡动混合相反，在浅海区域，由于与海底的摩擦作用，产生的速度梯度增大，因此将引起强烈的涡动混合。这时是由海底向上扩展的。

　　对流混合与海水的稳定性也有关系：当水层本身稳定性很强时，对流混合很难形成。在赤道和亚热带海区，夏季时因表层海水的密度仍比其下层低，故不产生对流；冬季时温度很低，对流作用便非常强烈。在中纬海区，由于表面温度冬夏相差很大，故产生对流，对流的深度可达 200 米。在高纬海区，由于冰冻现象和增盐的结果，故在冬季时对流可达几千米的深度。混合的结果使海洋中形成了匀和层和跃层，在某些海区还形成中间冷水层。

　　海水混合运动是一种重要的物理现象，是由内波和湍流引起的能量转换，更在海洋研究领域扮演着重要角色，被科学界所关注。

（五）海水运动的综合效应

年复一年的海水运动，对人类生存与发展的影响是极其深远的。

1. 海水运动对海洋生态环境具有很大的影响

　　海水运动对海洋生物分布的影响主要是形成渔场。有寒暖流交汇的海区，海水受到扰动，上下翻腾可将下层营养盐类带到表层，为浮游生物提供充足的养料，进而为鱼类提供充足的饵料，有利于鱼类大量繁殖。寒暖流交汇也能够形成水障，使得鱼群集中，往往形成较大的渔场（如北海渔场、北海道渔场、纽芬兰渔场）。有上升流的海区也是一样，在风力作用下，表层海水离开海岸，底层海水就要补充，这样就形成了上升流，底层海水上升的过程中，就把丰富的营养盐类带到表层来，也促使浮游生物大量繁殖，各种鱼类都集中到这里觅食。因此，上升流显著的海区多是著名的渔场（如秘鲁渔场）。

上升流或垂直方向的海水混合，不仅能把较冷但富有营养物质的深层海水输送到表层，肥育了鱼类，而且也能维持巨大的以吃鳀鱼为生的海鸟种群，使近岸及岛屿上堆积了数以万吨的鸟粪。如果没有这类海水混合，大量的营养物质就会永久散落在洋底而再也无法利用。此外，极地上层冷水下沉，把含氧量较高的上层冷水通过深层流传送到赤道附近，从而补充了热带大洋深处的含氧量，这对深海动物的生活是至关重要的。大陆沿岸流和大陆入海径流这两种类型的海水运动，虽不如大洋环流那样气势磅礴，但它们对局部范围内海水温度、盐度、营养物质，以及气体和其他物理、化学环境因素都有影响，尤其是对入海的陆源物质的扩散与转运起着非常大的作用。

总之，海水运动所造成的环境因素的变化是综合性的，既影响海洋生物的生态环境，也影响某一海域海洋生物的种群丰度和群落结构，并且在扩展物种的生存空间方面也起到重要的作用。

2. 海水运动对流经海区的沿岸气候、海洋污染和海洋航行的影响

（1）海水运动对气候的影响　高、低纬度间的热量输送和交换对调节全球的热量分布具有重要意义。暖流对流经沿岸地区的气候起着增温、增湿的作用，例如：西欧受北大西洋暖流的影响形成了海洋性气候；寒流对流经沿岸地区的气候起降温、减湿的作用，例如：寒流对澳大利亚西海岸、秘鲁太平洋沿岸荒漠环境的形成起到了一定的作用。如果洋流发生异常，就会导致全球的大气环流出现异常，进而影响到气候，如厄尔尼诺现象，这种现象主要是指南半球赤道附近吹的东南信风减弱后，太平洋地区的冷水上泛会减少或停止，进而造成太平洋东部和中部热带海洋的海水温度异常地持续变暖，使整个世界气候模式发生改变，造成了一些地区干旱而另一些地区又降水量过多的反常现象。虽出现的频率并不规律，但平均约每 4 年就会发生一次。如 1982—1983 年的厄尔尼诺是几个世纪以来最严重的一次，太平洋东部至中部水面温度比正常高出 4～5 ℃（一般来讲赤道东太平洋海水表层温度连续 6 个月高出平均值 0.5 ℃以上，即可认为发生了一次厄尔尼诺现象），使赤道东太平洋沿岸秘鲁的降水骤增，洪水泛滥，太平洋西侧的澳大利亚、印尼等地持续干旱，并引发森林大火，整个非洲更是干旱异常。此次厄尔尼诺的发生，造成全世界 1 300～1 500 人丧生，经济损失近百亿美元。1998 年的厄尔尼诺现象是紧接 1994 年发生的，频密程度实属罕见。太平洋东部至中部水面温度比正常高出 3～4 ℃，我国西南 5 省出现严重的旱情，而长江出现大水，华南地区有持续

暴雨，东南亚地区发生大规模的森林大火。这些异常现象的出现都是受到了厄尔尼诺的影响。对于中国来说，厄尔尼诺易导致暖冬，南方易出现暴雨洪涝，北方易出现高温干旱，东北易出现冷夏。比起单纯的气温变化，极端天气更容易引发危险。

（2）海水运动对污染海洋环境的影响　陆地上的污染物质进入海洋之后，洋流可以把近海的污染物质携带到其他海域，这样就使受污染的范围扩大，这是它不利的一面；同时因污染海域范围的扩大，却加快了其净化的速度，这是它有利的一面。如在西班牙海域的油轮燃料油泄漏，致使 350 千米的海岸受到严重污染，给当地的渔业生产和生态环境造成严重破坏，与此同时，在海水运动的作用下，泄漏的燃油迅速地被带到其他海域，也相对减缓了这一海域的污染程度。

（3）海水运动对航海事业的影响　我们都懂得顺风、顺水走的速度要比逆风、逆水走的速度快这个道理。航海也是一样，顺流而行，速度快，省时省燃料；逆流而行，速度慢，费时费燃料。例如我国明朝时郑和曾七次下西洋，他总是选择冬季从我国出发，因为冬季受东北季风影响，洋流向西流，顺流航行既省力又快速；夏季返回，因为夏季盛行西南季风，海水向东北流，返回时又是顺水行舟，同样省时省力速度快。再如 1492 年哥伦布第一次直接横渡大西洋到美洲时，共花了 37 天的时间；而 1493 年哥伦布第二次去美洲，航行的距离比第一次要长，却只花了 20 天的时间就顺利到达，比第一次少用了 17 天，其原因在于哥伦布第一次横渡大西洋到美洲是逆着北大西洋暖流和墨西哥湾暖流，逆流而上的，故所用时间长；第二次是顺着加那利寒流和北赤道暖流，顺流而下的，虽增加了距离，却用了较短的时间。除此之外，洋流还会夹带漂浮物，也会对船只航行造成危险。如泰坦尼克号事件，从英国南汉普顿开往美国纽约的泰坦尼克号，横穿大洋时在西经 50°14′、北纬 41°16′处与冰山相撞而沉没，根据经纬度数值判断，西经 50°14′、北纬 41°16′处较为靠近纽约或纽芬兰渔场，因此撞击泰坦尼克号的冰山很可能是顺着拉布拉多寒流漂来的。如果是在寒暖流交汇的地方，会有大雾的天气出现，也不利于航行。

 # 五、海洋底质

海洋底质是指海底表面的组成物质。海洋底质主要是泥沙质平底（软底），而岩石或其他硬质区域，所占面积相对较小。

（一）不同的海底底质有着不同的特征

1. 基岩海底

（1）水深数值具有较大的离散性　无论是相邻两个水深数据还是一段范围内的水深数值，都很少有相同或相近的，因为在基岩区域，几乎难以出现平坦的地形，一般都是崎岖不平、峰谷相间的。

（2）水深数值有许多连续递增或递减的变化规律　在海底的上坡处，水深数值由深逐渐变浅；在海底的下坡处，水深数值由浅逐渐变深。

（3）水深数值还有许多返折迂回的现象　所谓返折现象就是指水深数值由深变浅再变深，或由浅变深再变浅的过程，这是在许多小的石峰和低谷处形成的现象。

2. 黏土海底

（1）水深数值偶尔会有小幅度的离散性　由于在海底的黏土泥质一般质地较硬，受到海流的冲刷作用后，会形成许多小型的不规则凹坑，这些小型凹坑大小不一并且无规律性。

（2）水深数值在一段范围内，会有一定的变化趋势　它的变化不是连续递增或递减的，而是迂回式的渐变。黏土泥质海底既不像基岩底质变化那么大，也不像平坦沙地那么平整。

3. 沙质海底

沙质海底一般分为两种情况，平坦的海底和沙坡海底。在平坦海底，水深数值离散性很小，在一段距离范围内，无论是相邻的两个水深还是连续多个水深点，变化都非常小。在沙坡海底的数据特征非常容易识别，水深数值有类似于正弦波的变化规律。沙波的高度在不同海区各不相同，但在一定的局部范围内，沙波的变化幅度不是很大，当出现有规律的水深变化值时，一般认为是沙波海底。

（二）不同的海底类型形成了不同生态效应的区带

生物遗体和有机沉积物可遍布于整个海底。总的说来，底栖生物遗体之量较浮游生物多，而大陆架外缘以及孤立的海底高地上，浮游生物遗体却构成沉积物的主体。最常见的底栖生物遗体是具有钙质的藻类、软体动物、有孔虫、珊瑚、水螅、环节动物、棘皮动物和海绵等。潮间带和陆架海底沉积物中同样含有一些浮游生物的遗体、底栖生物的骨骼或外壳，局部区域会出现几乎由软体动物贝壳堆成的海底底质。深海大洋海底沉积物有以有机物为主的软泥，也有以无机物为主的红黏土。

大洋海底沉积物的结构可分为三种主要类型：生物遗体及有机物含量少于30％，以无机物质为主体的红黏土；生物遗体及有机物含量超过30％，以浮游植物（硅藻）和含有硅质结构的浮游动物遗体及有机物为主的硅藻软泥；生物遗体及有机物含量超过30％，由球房虫、颗石藻等组成的钙质软泥。

1. 红黏土

红黏土在海洋最深及最远处累积，所以又称深海黏土。红黏土是在远洋沉积物中，生物遗体及有机含量小于30％的红褐色细粒泥沙沉积物。它的来源至今虽尚不明确，但似乎可以判断其大部分物质来自风云尘土、远洋生物、海水化石沉淀物以及少量的宇宙尘和火山泥。红黏土大约占海床面积的38％，主要分布于太平洋，为各大洋中最主要的沉积物，是累积速度最慢的远海沉积物，每1 000年才积累0.1～0.5厘米。

2. 硅藻软泥

硅藻软泥是由含有二氧化硅的浮游生物的残骸组成的，其生物遗体及有机物含量超过30％。根据所含生物种类，分别称为放射虫软泥和硅藻软泥。放射虫软泥主要分布在太平洋赤道一带，硅藻软泥则主要分布在南极和北极高纬度海域。放射虫软泥几乎在所有大洋海底均有分布，尤其在赤道海区海底尤为丰富。人们把微小的放射虫称为"生物温度计",因为它只生活于海洋中,对水温有着特别的要求,是海洋环境的指标性生物。它们有的喜热,我们称之为暖水种,大多生活在炎热的赤道和大洋区或温热的暖流区;还有的喜冷,我们称之为冷水种,它们生活在远离赤道、北纬40°以北的水域。这样一来,水温就成了一道厚厚的围墙,把放射虫牢牢地围在各自的生活天地里。正是因为其独特的生活习性,它们成为一种卓有成效的生物温度计。由此,从放射虫的分布就能推断出大洋各处水温的分布。放射虫作为肉眼难辨的海洋隐士,忠实地记录着大洋的温度变化。放射虫死亡后,其硅质壳沉入海底不易溶解而大量富集起来,堆积密度甚是惊人,在相当于火柴盒大小的沉积物中,竟含有超过12万个的放射虫个体。这些堆积在海底的放射虫壳形成了著名的放射虫软泥,这种软泥覆盖了整个地球海底面积的3.4%。随着科学技术的发展,对放射虫的研究会更加深入,人们将可以从放射虫身上取得更多的数据和信息。

硅藻软泥为最少有的远海沉积物,只占海床15%的面积。它比红黏土累积要快些,每1 000年可积累0.2~1厘米。

3. 钙质软泥

钙质软泥是由贝壳组成的,有孔虫类、颗石藻、翼足类,是最普遍的远海沉积物,约占海床面积的48%,主要分布在海山、海岭的碳酸盐补偿深度之上。正是因为受到碳酸盐补偿深度的限制,钙质软泥只能在被埋时高于这个深度才能形成。它比其他远海沉积物累积得要快,每1 000年可积累0.3~5厘米。

海洋生物遗体在海洋底上的沉积作用,形成了海洋的不同底质。海洋约占地球表面积的71%,是地球上最大的沉积场所,广阔的海洋盆则以沉积作用为主,其沉积物的数量之大,种类之多令人难以想象。现代大陆上大部分地区都还存在着不同地质时期的古海洋沉积物。了解海洋底质,特别是海底沉积物,对了解地球发展史、开发利用海底矿产资源等都有十分重要的意义。

 # 六、海洋环境

海洋环境是指地球上连成一片的海和洋的总水域，包括海水、溶解和悬浮于水中的物质、海底沉积物，以及生活于海洋中的生物。因此海洋环境是一个非常复杂的系统。

（一）海洋环境分区

对于海洋生物具有极大影响的海洋生态因素，不同程度地具有"成带"或"层化"现象，因而形成了丰富多彩的环境区域。对海洋生物环境的宏观性区划，把海洋生物环境从水平方向分为浅海和大洋两部分。

1. 浅海区

浅海区指大陆架海域，包括潮间带和潮下带。

（1）潮间带　潮间带是指海水涨潮到最高位（高潮线）和退潮时退至最低位（低潮线）之间，暴露在空气中的海岸部分。陆地与海洋之间形成了一个狭长的过渡带（交界处），潮间带空间的大小决定于潮汐类型和潮间带海底的地形。潮间带可以缓冲海浪直接冲击陆地的力量，如果潮间带狭小，海浪对陆地的破坏性就大。

（2）潮下带　潮下带指位于平均低潮线以下、浪蚀基面以上的浅水区域，即潮间浅滩外面的水下岸坡，为浅海海域。水层部分最大深度一般不超过200米，离岸宽度变化很大，平均为80千米。海底地形较为平坦，坡度较小，以大陆缘为外界。在浅海区阳光比较充足，适合绿色植物生长，许多微生物和浮游植物都生长在这里，它们直接或间接地为海洋中的动物提供食物。

2. 大洋区

大洋区是指大陆架以外的全部海洋区域。

水层部分从垂直方向可分为若干个带，海洋水层深度0～200米为上层带；海洋水层深度200～1 000米为中层带；海洋水层深度1 000～4 000米为深层带；海洋水层深度4 000～6 000米为深渊带；海洋水层深度6 000米以下为超深渊带。

底层部分从水平方向，根据海底地形和所处深度，可分为若干海底。如陆架海底，包括陆海交界的潮间带海底，并由此延伸到水深200米的海底；半深海底，与大陆缘相连接的大陆斜坡，所处水深从200米急剧下降到2 000～3 000米；深海海底，由大陆斜坡继续向深层倾斜，转而形成大陆隆、深海平原和洋中脊及其特有的"热泉"海底，海底所处深度为2 000～6 000米；深渊海底，包括部分深海平原和更深的海沟，海底所处深度在6 000米直至10 000米以上的沟底。

（二）海洋生态环境

海洋生态系统是海洋中由生物群落及其环境相互作用所构成的自然系统。按海区划分，它包括浅海生态系统、深海生态系统和大洋生态系统；按生物群落划分，一般分为红树林生态系统、珊瑚礁生态系统、藻类生态系统等。

1. 按海区划分

（1）浅海生态系统 浅海生态系统是指水深不超过200米的大陆架范围。世界主要经济渔场几乎都位于大陆架和大陆架附近，这里具有丰富多样的鱼类。陆架区的许多海洋现象都具有显著的季节性变化，潮汐、波浪、海流的作用都比较强烈。海水中含有大量的深解氧和各种营养盐类，所以陆架区特别是河口地带是渔业和养殖业的重要场所。由于陆架区有着丰富的有机质，特别是繁殖极快、数量极大和很快死亡的微生物残骸，它们长期埋藏在陆架区沉积盆地泥沙中，在缺氧的环境下，受到一定的温度、压力和细菌的分解作用，形成巨大的海底油气田，目前世界上许多国家在大陆架上开采或正在计划开发利用这个天然的海底宝库。

（2）深海生态系统 深海生态系统位于深海海底，水深2 000～6 000米，环境条件相对稳定，无光。温度为0～4℃，海水化学组成比较稳定，底土是软相黏泥，压力很大。因为深海中没有进行光合作用的植物，全靠上层的食物颗粒下沉，所以食物条件相当苛刻。由于无光，深海动物视觉器官多退化，它们有的具发光的器官，有的眼极大位于长柄末端，对微弱的光有感觉能力，没有坚固骨骼和有力肌肉，均以薄而透明的皮肤适应高压。

（3）大洋生态系统　大洋生态系统从深海海底到开阔大洋，限于日光能透入的最深界线。大洋面积很大，但水环境相当一致，只有水温会有变化，尤其会受到暖流与寒流的分布影响。由于大洋缺乏动物隐蔽场所，所以大洋动物一般有明显的保护色。

2. 按生物群落划分

（1）红树林生态系统　红树林生态系统是由生长在热带、亚热带海岸淤泥浅滩上的红树科植物与其周围环境共同构成的生态功能统一体。红树林主要分布于隐蔽的海岸，这里多因风浪较微弱和水体运动缓慢而多淤泥沉积。红树林一般由藻类、红树植物和半红树植物、伴生植物、动物、微生物等因子，以及阳光、水分、土壤等非生物因子所构成。红树林蕴藏着丰富的生物资源和物种多样性。

（2）珊瑚礁生态系统　世界上珊瑚礁多见于南北纬 30°之间的热带及临近海域中，尤以太平洋中、西部为多。在那里，瑰丽夺目的造礁珊瑚和造礁藻类形成的珊瑚礁，以及丰富多样的礁栖动物和植物繁茂生长，它们一起构成了庞杂的珊瑚礁生态系统。珊瑚礁的种类十分丰富，形态也多种多样，生命活动相当旺盛，是其他海洋生物群落无法相比的。珊瑚礁生物群生产力很高，不仅为许多动植物提供了生活环境，也是大洋带鱼类的幼鱼生长之地。因此，珊瑚礁有"海洋绿洲"之称。

（3）藻类生态系统　藻类作为海洋和内陆水域中重要的初级生产者，在整个水体生态系统中有着举足轻重的地位。藻类遍布全世界的各种环境，大部分生活在水中，也有生活在陆地上的。藻类既有单细胞的类群也有多细胞的类群，它们的共同点是拥有叶绿体，可以进行光合作用，在为自己制造生命活动所需要的营养物质的同时，也为我们的生活空间提供了氧气。藻类也是很多水生生物的食物来源。然而，一旦水体被氮、磷等富营养化污染物污染时，藻类就会大量繁殖形成水华或者赤潮，会给生态系统带来巨大破坏。

不同的海洋生态环境孕育着不同的海洋生物物种，它们共同生活在尺度不同、具有特定生态特性的海洋环境区域内。生活习性相近的各种海洋生物种群在各自特定的海洋生物环境区域之间，海洋理、化诸因子通过海水运动而相互影响，生物种群之间也相互渗透、混合、交换，从而形成了巨大的海洋生态系统。海洋生物之间则通过食物网来维持自身的生存和持续发展，同时为人类创造了丰富而又宝贵的海洋生物资源。

（三）海洋生态环境问题

海洋生态环境是海洋生物生存和发展的基本条件，生态环境的任何改变都有可能导致生态系统和生物资源的变化。海水的有机统一性及其流动、交换性使海洋各要素之间紧密联系，进而形成海洋生态的整体性。任何海域某一要素的变化（包括自然的和人为的），都不可能仅仅局限在点上发生，都有可能对邻近海域或者其他要素产生直接或者间接的影响。生物依赖于环境，环境影响生物的生存和繁衍。毋庸置疑，当外界环境变化量超过生物群落的忍受限度，就会直接影响生态系统的良性循环，从而造成生态系统的破坏。

海洋生态平衡的打破，一般来自两方面的原因：一是自然本身的变化，如自然灾害，这是人类所无法控制的。二是来自人类的活动，一方面是不合理的、超强度的开发利用海洋生物资源，例如近海区域的炸渔滥捕，使海洋渔业资源严重衰退；另一方面是海洋环境空间不适当地利用，致使海域污染的发生和生态环境的恶化，例如对沿海湿地的围垦必然改变海岸形态，降低海岸线的曲折度，危及红树林等生物资源，造成对海洋生态环境的破坏。海洋生物多样性的减少，是人类生存条件和生存环境恶化的信号，这一趋势目前还在加速发展的过程中，其影响固然直接危及当代人的利益，但更为重要的是会对后代人未来持续发展造成积累性的恶果。因此，只有加强海洋生态环境的保护，才能真正实现海洋资源的可持续利用。

海洋生态环境是人类生存自然环境中的重要组成部分，因为海洋几乎对地面上的一切变化过程都产生重要影响，如控制水循环、增加大气含氧量、更新大气水质、影响气候变化等。对海洋对人类的无偿贡献我们应该倍加珍惜。

 # 七、海洋资源

海洋资源是指形成和存在于海水或海洋中的有关资源。海洋资源是自然资源分类之一，它包括海水中生存的生物，溶解于海水中的化学元素，海水波浪、潮汐及海流所产生的能量和贮存的热量，滨海、大陆架及深海海底所蕴藏的矿产资源，以及海水所形成的压力差、浓度差等。广义的海洋资源还包括海洋提供给人们生产、生活和娱乐的一切空间和设施。

（一）海洋矿物资源

用"聚宝盆"来形容海洋资源是再确切不过的了，它有全人类取之不尽用之不竭的巨大财富。单就矿产资源来说，其种类之繁多，含量之丰富，足可以令人瞠目结舌。地球中发现的百余种元素中，有 80 余种在海洋中存在，其中可提取的就有 60 余种。这些丰富的矿产资源，以不同的形式存在于海洋之中。按照矿物资源形成的海洋环境和分布特征，可将其分为滨海砂矿、海底石油和天然气、磷钙石和海绿石、锰结核和富钴结壳、海底热液硫化物、天然气水合物等资源类型。

1. 滨海矿砂

在威力无比的现代武器领域，如超音速飞机、火箭、导弹、核潜艇等，以及在奥妙无穷的电子工业、空间技术等领域中有一些不可或缺的重要材料，这些材料都是来自于一种矿产——滨海砂矿。

在滨海的砂层中，常蕴藏着大量的金刚石、砂金、砂铂、石英以及金红石、锆石、独居石、钛铁矿等稀有矿物，它们在滨海地带富集成矿，所以称

"滨海砂矿"。这些滨海砂矿的形成是源于陆地上碎屑物质被径流搬运至河口或海滨地带，也有原地残存的物质和海底产物经波浪、潮流、沿岸流反复分选，它们当中有一些化学性能比较稳定和密度较大的有用矿物，在特定地貌部位富集，当这些富集的矿物达到具有一定的经济意义时，便形成了滨海砂矿。它是全球最大的潜在矿产之一，也是海洋地质资源中具有实际开发价值的矿产资源。滨海砂矿的种类很多，Cronan 将滨海砂矿分为非金属砂矿、重金属砂矿、宝石及稀有金属砂矿三大类，每大类包括若干种。据统计，滨海钛铁矿产量占世界钛铁砂矿总产量的 30%，锡砂占 70%，独居石占 80%，金红石占 98%，金刚石占 90%，锆石占 96%。一个滨海砂矿往往是以一种或几种矿产为主，有时伴生有若干种有用矿物的不同组合。中国是世界上滨海砂矿种类较多的国家之一，矿种多达 60 多种，总探明储量达数亿吨。具有工业开采价值的主要有钛铁矿、锆石、金红石、磷钇矿、铌铁矿、钽铁矿及石英砂等。中国滨海以海积砂矿为主，其次为海/河混合堆积砂矿，多数矿体以共生与伴生组合形式存在。滨海砂矿的价值仅次于石油和天然气，居第二位。

2. 海底石油和天然气

海底石油和天然气可以说是一对"孪生兄弟"，它们多栖息在海洋中的大陆架和大陆坡下，是埋藏于海洋底层以下的沉积岩及基岩中的矿产资源之一。那么，它们主要是由什么形成的呢？

关于石油的成因，是一个长期争论不休的问题。现在普遍认为石油是过去地质时期里，由生物遗体经过化学和生物化学变化而形成的，当然碳氢化合物是石油的主要成分，即成为目前流行的有机生油说。这种观点认为，一些动植物遗体随江河带来的大量泥沙一道，在不断堆积的情况下被埋藏在海盆、湖沼底部，这些生物遗体的分解使泥沙成为富含有机质的有机腐泥，伴随沉积物的不断加厚，温度和压力也逐渐增高，加之细菌、催化剂、放射性物质的作用，使这些有机质逐渐转变成各种碳氢化合物的混合物，形成了原始油气。原始油气呈分散状态，由于它是流体，会向孔隙和裂缝多的岩层中迁移，只有在地下 1 000～8 000 米甚至更深的封闭的地下空间才能够保存下来。所以，只要油气来源充足，又具备孔隙度良好的储油岩层以及阻挡油气不致散失掉的盖层或圈闭条件，经过一段漫长的时间就能够形成有经济价值的油气藏。

总体来说，形成石油要具备三个条件：①大量的生物遗体；②储集石油的地层和保护石油不跑掉的盖层；③有利于石油富集的地质构造。石油是一种成分复杂的碳氢化合物的混合物，在自然界中以液体存在称为石油，以气体存在

则称为天然气。

海底石油的生成不仅受到一定条件的限制，而且分布也不均衡。世界海底油气藏主要分布在被动大陆边缘的沉积盆地中，而主动大陆边缘较少，这是因为大洋盆地一般沉积较薄，沉积物细，有机质含量低，不利于油气的生成和储藏。已探明的世界四大海洋油气区分别是波斯湾、加勒比海的帕里亚湾和委内瑞拉湾、北海和墨西哥湾。其中波斯湾是目前海洋石油资源最丰富的地区，面积约150万千米^2，已探明的储量为120多亿吨，约占世界海洋石油探明储量的50%。中国沿海有广阔的大陆架，包括渤海、黄海的全部，东海的大部和南海的近岸地带，这里分布着许多中、新生代沉积盆地，沉积层厚达数千米，估计油气储藏量可达数百亿吨，很有希望成为未来的"石油之海"。目前中国近海已发现的大型含油气盆地有7个，它们分别是渤海盆地、南黄海盆地、东海盆地、台湾浅滩盆地、南海珠江口盆地、南海北部湾盆地和南海的莺歌海盆地。

海底石油和天然气是最重要的海底矿产资源。世界海洋石油资源量占全球石油资源总量的34%，其中已探明的储量约为380亿吨。目前全球已有100多个国家在进行勘探，其中对深海进行勘探的就有50多个国家。世界海洋油气储量很丰富，尽管世界大洋的大部分区域尚未被详细勘查，还没有一个准确可靠的数字，但是伴随陆地资源的逐渐匮乏，人类已将目光转向海洋，几乎所有的大陆架都成为勘探、开发石油的对象和场所，都是很有希望的海洋油气区。海洋油气产量将会成为世界油气产量增长的源泉。

3. 磷钙石和海绿石

磷钙石又称磷钙土，是一种富含磷的海洋自生磷酸盐矿物，它是制造磷肥、生产纯磷和磷酸的重要原料。同时，磷钙石还富含铀、铈、镧等金属元素，应用也十分广泛，包括医药行业、食品行业、火柴制造、染料行业、陶瓷行业等。据估计，海底磷钙石达数千亿吨，如利用其中的10%则可供全世界几百年之用。海底磷钙石的形态有磷钙石结核、磷钙石砂和磷钙石泥三种，其中以磷钙石结核最重要。磷钙石结核是一些大小各异、形状多样、颜色不同的块体，直径一般几厘米，最大体积可达60厘米×50厘米×20厘米。磷钙石砂呈颗粒状，大小只有0.1~0.3毫米，颇似鱼卵。

关于磷钙石的成因有许多假说，较流行的有生物成因说和化学沉淀说。将这两种观点加以综合，则磷钙石的形成可分为两个阶段：第一个阶段是生物作用阶段，由于生物的大量繁殖，把溶解和分散在海水中的磷酸盐富集到了机体内；第二个阶段是化学作用阶段，大量生物死亡后，在分解的过程中释放出磷，交代方解石和生物残体等化学作用而形成磷钙石。如果按产地来划分，磷钙石可分为大陆边缘磷钙石和大洋磷钙石两种。大陆边缘磷钙石主要分布在水深十几米到数百米的陆架和陆坡上部，常与泥、砂和含有砾石的海绿石沉积物混合在一起；而大洋磷钙石主要产于西太平洋海山区，往往与富钴结壳相伴生。

海绿石是一种在海底生成的含水的钾、铁、铝硅酸盐自生矿物，一般呈暗绿至绿黑色，还有呈黄绿、灰绿、浅绿色的，不透明，无光泽。海绿石常常与有孔虫和其他钙质有机体在一起，成为多孔有机物的间隙物质或构成假象，也有的呈交代碳酸盐的形式存在，通常是一些粉砂大小的颗粒，呈直径为数毫米的圆粒状体，分布于疏松的硅质或黏土质碳酸盐岩石中。关于海绿石的成因至今尚无定论，一般认为它是由无机矿物或有机物质转化而来。在还原状态的浅海，水深10～250米的温带浅海环境及缓慢的沉积作用之下，才可形成海绿石。在中国南海浅海海域现代沉积物内，大部分岩样存在有孔虫，一部分被海绿石所交代，但尚保持其原有形态。这就表明海绿石的形成与海洋生物的生物化学作用有关，如黑云母矿物，在海水的长期浸泡下发生化学变化，最后失去云母矿特性而变成粒状海绿石。另外，生物排泄的粪团和黏土物质也可在海洋环境的适宜条件下转变为海绿石。海绿石的分布水深范围变化很大，从30～3 000米都有发现，但多集中在100～500米的大陆架和大陆坡上部，个别海湾和深海沙洲也有分布。海绿石可作钾肥，提取的钾可用作净化剂、玻璃染色剂和绝热材料。

4. 锰结核和富钴结壳

（1）锰结核 锰结核又称多金属结核、锰矿球、锰矿团、锰瘤等，发现早期曾称其为铁锰结核。它是一种铁、锰氧化物的集合体，并富含铜、镍、钴、钼和多种微量元素，广泛分布于深海大洋盆底表层。锰结核的颜色常为褐色、褐黑色和绿黑色，由多孔的细粒结晶集合体、胶状颗粒和隐晶质物质组成，形态多样，有球状、椭圆状、圆盘状、葡萄状和多面状等。锰结核的大小尺寸变化也比较悬殊，从几微米到几十厘米的都有，甚至可达1米以上，质量最大的有几十千克。大部分结核都有一个或多个核心，核心的成分可以是岩石或矿物碎屑，也可以是生物遗骸，围绕核心形成同心状金属层壳结构，铜、钴、镍等金属元素就赋存于铁、锰氧化物层中。结核含有30多种金属元素，其中的铜、镍、钴、锰、钼等多种金属元素都达到了工业利用品位，如所含的金属锰可用

于制造锰钢，大量用于制造坦克、钢轨、粉碎机等，所含的金属铜大量用于制造电线，所含的金属钛广泛应用于航空航天工业，有"空间金属"的美称。另外，结核中还有含量很高的分散元素和放射性元素，如铍、铈、锗、铌、铀、镭和钍等。

关于锰结核形成的原因很复杂，至今仍未有公认的见解。一般认为是沉降于海底的各种金属的氧化物，以带极性的分子形式，在电子引力作用下，以其他物体的细小颗粒为核，不断聚集而成。而这个理论也有不能自圆其说之处。因为锰在海水中的含量并不算多，为什么却会在锰结核中独占鳌头呢？所以，锰结核的成因还有待继续研究。锰结核广泛地分布于世界海洋 2 000～6 000 米水深海底的表层，而以生成于 4 000～6 000 米水深海底的品质最佳。锰结核主要分布在太平洋，其次是印度洋和大西洋的所有洋盆和部分深海盆地。锰结核总储量估计在 30 000 亿吨以上。其中以北太平洋分布面积最广，储量占一半以上，约为 17 000 亿吨，密集的地方，每平方米面积上就有 100 多千克，简直是一个挨一个铺满海底。根据世界洋底的构造地貌特征和海区所处的构造位置以及锰结核的成分、地球化学和丰度，可在世界大洋划分出 15 个锰结核富集区，其中 8 个位于太平洋。中国已于 1991 年 5 月成为世界上第五个具有先驱投资者资格的国家，获得了 1.5×10^5 千米^2 的锰结核资源开辟区。最近几年来，先后进行了 8 个航次的勘察，至 1998 年底，最终完成了开辟区 50% 的放弃任务，从而在东北太平洋圈定了 7.5×10^4 千米^2 作为中国 21 世纪的深海采矿区。估计世界深海底锰结核的总储量为 $(1.5～3.0) \times 10^{12}$ 吨，是最有开发远景的深海矿产资源。锰结核不仅储量巨大，而且还会不断地生长。生长速度因时因地而异，平均每千年长 1 毫米。尽管看起来很慢，但以此推算也相当可观了，全球锰结核每年可增长 1 000 万吨。锰结核堪称是"取之不尽，用之不竭"的可再生多金属矿物资源。

（2）富钴结壳　富钴结壳是一种生长在海底硬质基岩上的富含锰、钴、铂等金属元素的"壳状"沉积物，其中钴的含量特别高。钴是战略物资，用于钢材可增加硬度、强度和抗蚀性等特殊性能。在工业化国家，1/4～1/2 的钴消耗量用于航天工业，生产超合金。而这些金属也在如光电电池、超导体、高级激光系统等领域中得以运用，备受世界各国的重视。结壳往往产于水深不足 2 000 米的半深水区，开发技术和成本都比锰结核低，是具有巨大经济潜力的深海金属矿产类型。

富钴结壳大多呈层壳状，少数包裹岩块、砾石，呈不规则球状、块状、盘状、板状和瘤壳状。结壳厚度一般不大，平均 2～4 厘米，最厚可达 15 厘米。结壳呈黑色或暗褐色，断面构造呈层纹状、有时也呈树枝状，反映结壳生长过程中的环境变化。富钴结壳含有锰、铁、钴、镍、铅、铜、钛、铂、钼、锌、铬、铍、钒等几十种金属元素，其中钴含量高达 2％，比锰结核中钴的平均含量高 3～5 倍。关于富钴锰结壳的形成过程和机理，目前研究得还不够深入，多数学者认为是因水而成，即钴、铁、锰等金属元素源于海水，结壳沉积可能是纯粹的胶体化学过程。富钴锰结壳产于海山、海岭和海底台地的顶部和上部斜坡区，通常以坡度不大、基岩长期裸露、缺乏沉积物或沉积层很薄的部位最富集。从分布的地理纬度看，它们仅局限于赤道附近的低纬区，以中太平洋海山区最富集，在印度洋和大西洋局部海区也有发现。

5. 海底热液硫化物

海底热液硫化物是富含铜、铅、锌、金、银、锰、铁等多种金属元素的新型海底矿产资源，主要出现在 2 000 米水深的大洋中脊和断裂活动带上，常与海底扩张中心热液体系相伴生。科学家们经过研究认为，"热液硫化物"是海水侵入海底裂缝，受地壳深处热源加热，溶解地壳内的多种金属化合物，再从洋底喷出的烟雾状的喷发物冷凝而成的。这一过程被形象地称为"黑烟囱"，"黑烟囱"喷出的炽热溶液中富含多种金属和其他一些微量元素。当这些热液与 4 ℃的海水混合后，原来无色透明的溶液就成了黑色的金属硫化物溶液。自 20 世纪 60 年代初首次在红海发现热液重金属泥以来，在世界海洋底已发现 130 多处海底热液活动区。海底热液矿床主要有两种类型，一是层状重金属泥，以红海最典型，称为"红海型"；二是块状多金属硫化物，以洋中脊的裂谷带为主，称"洋中脊型"。

红海重金属泥是海底热液沿缓慢扩张中心活动的产物。在红海中央裂谷带已发现 20 多个热卤水池和重金属泥富集区，其中以阿特兰蒂斯 II 号海渊最有经济价值。主要金属硫化物有黄铁矿、黄铜矿、闪锌矿和方铅矿，它们富含铁、锰、锌、铜、镍、钴、铬、银、金、钼、钒、钡、锶等金属元素，金属储量至少有 94×10^6 吨。

多金属块状硫化物产生于大洋中脊轴部的裂谷带，与扩张中心的热液活动密切相关。块状硫化物矿体伴随活动热液喷口或古热液喷口，以呈小丘、烟囱和锥形体状成群出现，它的形成是因为海水沿裂谷带张性断裂或裂隙向下渗透，同时被新生洋壳加热，形成高温（可达 350～400 ℃）海水，高温海水又从玄武岩中淋滤出大量金属元素，当它们重返海底时与冷海水相遇，导致黄铁矿、黄铜矿、纤锌矿、闪锌矿等硫化物及钙、镁硫酸盐等快速沉淀。这时，从高温热液喷口涌出的矿物快速结晶，堆积成烟囱状。"黑烟囱"不断溢出含黄铁矿、闪锌矿等硫化物的颗粒，"白烟囱"不断溢出的是蛋白石、重晶石等浅色固体微粒，其中还含有少量铁、锌等硫化矿物。若烟囱被硫化物充填则称"死烟囱"，烟囱倒塌成为"雪花宝"。块状硫化物矿床主要含有铁、锰、铜、铅、锌、金、银和稀土元素等，已发现多个质量超过 1×10^6 吨的矿点。热液活动区往往发育有大量不靠太阳能而依赖热液营生的自养型深海底生物群落。

海底热液硫化物矿体除了东太平洋海隆和红海比较典型外，在大西洋和印度洋的某些中脊段以及西太平洋边缘海盆（如四国海盆、劳海盆、北斐济海盆、马里亚纳海槽和冲绳海槽等）均存在。这些亿万年前生长在海底的"烟囱"，不仅能喷"金"吐"银"，形成海底矿藏，具有良好的开发远景，而且很可能和生命的起源有关，并具有巨大的生物医药价值。

6. 天然气水合物

天然气水合物是由天然气与水在高压低温条件下形成的类冰状的结晶物质，外观看像冰块一样。"冰块"里含 $80\% \sim 99.9\%$ 的甲烷，可直接点燃，所以又被称作"可燃冰""固体瓦斯""气冰"。这种宝贝可算是来之不易，它的诞生至少要满足三个条件：①温度不能太高，一般温度在小于 4 ℃（指深海沉积层的温度）的范围内，如果温度高于 20 ℃，它就会"烟消云散"，所以，海底的温度最适合其形成；②压力要足够大，海底越深压力就越大，它也就越稳定；③要有甲烷气源，海底有丰富的古生物尸体的沉积物，被细菌分解后会产生甲烷。所以，冻结作用使天然气水合物的体积大大缩小，如果充分分解，1 米^3 的天然气水合物可释放出 150 米^3 的甲烷气。在温度小于 10 ℃、压力大于 10 兆帕的条件下得以保持其固态，海底以下数百米至 1 000 米的沉积层内的温度和压力条件，使得天然气水合物处于稳定的固体状态。具有形成天然气水合物的海域大致为 4×10^7 千米^2，约占世界海洋总面积的 10%。截至 1996 年，在世界海域已发现有 57 处产地，估计储量为 $10^{14} \sim 10^{15}$ 米^3，是世界天然气探明储量的 10 多倍，已发现的天然气水合物主要存在于北极地区的永久冻土区和世界范围内的海底、陆坡、陆基及海沟中。

天然气水合物在世界各大洋中均有分布，其储量是现有天然气、石油储量的两倍，具有广阔的开发前景。天然气水合物燃烧后几乎不产生任何残渣，污染比煤、石油、天然气要小得多，但是燃烧产生的能量比煤、石油、天然气要多出数十倍。而且其储量丰富，全球储量足够人类使用 1 000 年，因而被各国视为未来石油天然气的替代能源。天然气水合物在给人类带来新的能源前景的同时，对人类生存环境也提出了严峻的挑战。其中甲烷是氧气的 20 倍，所带来的温室效应造成的异常气候和海面上升，正威胁着人类的生存。

（二）海洋生物资源

海洋生物资源又称海洋水产资源，是指有生命、能自行增殖和不断更新的海洋中蕴藏的经济动物和植物的群体。其特点是通过生物个体和种群的繁殖、发育、生长和新老替代，使资源不断更新，种群不断补充，并通过一定的自我调节能力，从而达到数量相对稳定。

海洋生物资源是人类的食物来源。自古以来人类就一直在利用海洋生物资源，特别是近数十年来，人类对水产品这一海洋生物资源的需求有了很大增长。在 20 世纪 70 年代，人类所利用的总动物蛋白质（包括饲料用的鱼粉）中，有 12.5%～20%（鲜品计算）来源于海洋生物资源。世界海洋水产品总产量，由 1938 年的 1 880 万吨增加到 1980 年的 6 458 万吨，增长 2.4 倍。1978 年世界海洋渔业总产值为 283 亿美元，生物资源数量相当可观。有人估计，海洋每年约生产 $1.35×10^{11}$ 吨有机碳，在生态平衡不被破坏的情况下，海洋每年可提供 $3×10^9$ 吨水产品，够 300 亿人食用。也有人推算，海洋向人类提供食物的能力，相当于全世界陆地耕地面积所提供食物的 1 000 倍。

浩瀚的海洋蕴藏着十分丰富的海洋生物资源，这些海洋生物不仅多样性高、门类齐全，而且还拥有许多古老的种类，例如，被誉为活化石的鲎、海豆芽等。目前世界海洋捕捞和养殖的范围只占大洋面积的 10%，绝大部分海域尚未开发。随着世界人口的不断增加，人类将更加重视海洋，让海洋来解决人类食物的供应问题。联合国粮农组织把鱼类、肉类和豆类列为人类三大蛋白质来源。因此，人类极大地寄希望于进一步开发富饶的海洋生物资源。

从生物学上分，海洋生物资源包括鱼类资源，海洋无脊椎动物资源，海洋脊椎动物资源和海洋藻类资源。

1. 鱼类资源

鱼类资源是海洋生物资源的主体。它们是人类直接食用的动物蛋白质的重要来源之一。鱼的种类很多，全世界有 2.5 万～3 万种，其中海产鱼类超过 1.6 万种，但真正成为海洋捕捞种类的约为 200 种。其中年产量不足 $5×10^4$ 吨的占多数，为 140 多种，超过 $100×10^4$ 吨仅有 12 种，除了狭鳕、大西洋鳕鱼为底层或近底层种外，其余都属于上层鱼类，如秘鲁鳀、大西洋鲱、鲐、毛

鳞鱼、远东拟沙丁鱼、沙瑙鱼、智利竹荚鱼、沙丁鱼、鲣、黄鳍金枪鱼等，它们约占世界海洋渔获量的 1/3，由此可见它们在渔业上的重要地位。我们可根据捕获鱼类的食物对象将其划分为：①以食海洋浮游生物的鱼类，这部分的比例最大，约占 75％（其中包括食浮游植物的鱼类约占 19％）；②以食海洋游泳生物的鱼类，约占 20％；③以食海洋底栖生物的鱼类，约占 4％；④以食各种类群的生物，只占剩下的 1％。

世界渔场主要分布于太平洋、印度洋和大西洋，可划分为太平洋西北部、东北部、中东部、中西部、西南部、东南部的太平洋渔场；大西洋西北部、东北部、中东部、中西部、地中海、黑海以及大西洋西南部和东南部的大西洋渔场；印度洋东部和西部的印度洋渔场。太平洋鱼类资源非常丰富，是世界各大洋中渔获量最高的海域，渔获量可占世界总渔获量的一半左右。这里有最著名的秘鲁渔场，盛产秘鲁鳀，此外，还有千岛群岛至日本海北太平洋西部渔场，以及中国的舟山渔场等。北太平洋西部渔场主要有鲑、狭鳕、太平洋鲱、远东拟沙丁鱼、秋刀鱼等鱼种，产量居世界各海区中的第一位。

大西洋的渔业资源也很丰富，主要渔场有挪威沿岸到北海的大西洋东部渔场和纽芬兰渔场，此外，还有西北非洲和西南非洲渔场等。大西洋的渔业生产量在世界各海区中居第二位。

印度洋的渔业主要集中在西部，东部产量不高。

2. 海洋无脊椎动物资源

海洋无脊椎动物是背侧没有脊柱的动物，是动物的原始形式。其种数、门数最为繁多，据估计有 16 万种，占海洋动物的绝大部分。海洋中无脊椎动物分布甚广，无论是浅海岸边，还是深水远洋，无论是海洋表层，还是洋底渊谷，都有它们的足迹。其主要门类有：原生动物、海绵动物、腔肠动物、扁形动物、纽形动物、线形动物、环节动物、软体动物、节肢动物、腕足动物、毛颚动物、须腕动物、棘皮动物和半索动物等。其中腕足动物、毛颚动物、须腕动物、棘皮动物属于海洋中特有门类。

在这众多的门类中，能够被人类利用的仅有 130 多种，包括软体动物头足纲中的乌贼、章鱼，鱿鱼等；瓣鳃纲的贻贝、牡蛎、扇贝、蛤、蚶、砗磲等；腹足纲的鲍鱼、红螺等；节肢动物甲壳纲中的对虾、龙虾、蟹等；棘皮动物海参纲中的海参等；腔肠动物钵水母纲的海蜇等。

大西洋西北部是世界上捕捞头足类的中心，年产约 1×10^6 吨。大西洋中东部是世界上头足类捕捞的第二渔场，年产约 30×10^4 吨。中国近海黄海、东海以日本枪乌贼和大枪乌贼为主，中国南方以曼氏无针乌贼为主，与大黄鱼、小黄鱼、带鱼并列为中国的渔业四大鱼种。据估计，在世界大陆架和大陆斜坡上部海区内，头足类的蕴藏量（800～1 200）×10⁴吨，有90％尚未开发。在软体动物中，瓣鳃纲和腹足纲统称贝类，贝类不仅可以食用，而且许多种类还可以药用。在双壳类软体动物中，牡蛎、贻贝和扇贝渔获量可占90％。全世界有牡蛎200多种，中国沿海就有20多种。中国南方有僧帽牡蛎、长牡蛎、近江牡蛎等；贻贝有紫贻贝和翡翠贻贝、加州贻贝等。扇贝的种类也很多，分布广泛，世界各海洋都有，中国南方种类较多，主要是华贵栉孔扇贝等，北方主要是栉孔扇贝和引进海湾扇贝、虾夷扇贝。蚶、缢蛏等也都是著名的海产贝类。还有一些能够产生晶莹的珍珠的贝类，统称珍珠贝。

水中精灵伞
（辽宁省海洋水产科学研究院 李梦遥 摄）

虾和蟹是人类蛋白质的重要来源之一。捕虾业是经济价值最高的一种渔业，世界上捕虾的国家达七八十个，主要产虾国家是美国、印度、日本、墨西哥等。虾场主要分布在南美、中美、欧洲南部、中国、朝鲜和日本南部外海。蟹类种类很多，中国有600多种，绝大多数为海生，常见的有三疣梭子蟹、拟穴青蟹等。在世界上产量最多的是堪察加蟹和雪蟹，年产约15×10⁴吨。

在海洋无脊椎动物资源中，还有棘皮动物门的海参以及腔肠动物门的海蜇。全世界的海参 1 100 多种，可供食用的约 40 种。中国海域有海参约 100 种，仅西沙群岛就有 20 多种，从渤海湾、辽东半岛到北部湾的涠洲岛、南沙群岛都出产海参。海蜇属水母类，是一种透明膜质的腔肠动物。虽然水母的种类很多，但经济价值大的仅 4 种。中国的海蜇资源是很丰富的，我国北方沿海常见的是海蜇、面蜇、沙蜇 3 种，分布于南海的是黄斑海蜇。

3. 海洋脊椎动物资源

海洋脊椎动物除了最低级的海洋类群——鱼类外，还包括爬行类、鸟类和哺乳类。海洋爬行类包括棱皮龟科、海龟科和海蛇科。海洋鸟类的种类不多，仅占世界鸟类种数的 0.02%，如信天翁、鹱、海燕、鲣鸟、军舰鸟和海雀等都是人们熟知的典型海洋鸟类。海洋哺乳类动物在脊椎动物中属于最高等的，它们都是由陆上返回海洋的，属于次水生生物，我们又把它称为海兽，包括鲸目、海牛目和鳍脚目。

（1）海龟与海鸟　海龟是龟鳖目海龟科动物的统称，是生活于海洋中的具角质盾片的大型龟类，四肢呈鳍状，擅长游泳，仅在繁殖期才返回陆地产卵。背甲橄榄色或棕褐色，掺杂以浅色斑纹，腹甲呈黄色，分布于大西洋、太平洋和印度洋。一般长的可达 1 米多，寿命最大为 150 岁左右。最大型的海龟是棱皮龟，长达 2 米，重达 1 吨；最小的是橄榄绿鳞龟，只有 75 厘米长，40 千克重。海龟最独特的地方就是龟壳，它可以保护海龟不受侵犯，让它们在海底自由游动。大多数的海龟生存在比较浅的沿海水域、海湾、泻湖、珊瑚礁或流入大海的河口，人类通常在世界各地温暖舒适的海域发现它。海龟一般以鱼类、头足纲动物、甲壳动物以及海藻等为食。海龟虽然没有牙齿，但是它们的喙却非常锐利。不同种类的海龟有不同的饮食习惯，可将其分为草食，肉食和杂食。

龟类是变温性动物，在温度极低的时候，会调节身体的代谢速度进入冬眠状态，这仅是生活在温带或亚热带的淡水龟和陆龟常有的习性。对于海龟而言，当水温下降的时候，海龟一般会利用洄游的习性迁移到水温较高的海域来抵御寒冷，但有时冷锋面来得太快，水温急速下降，海龟在短时间内来不及做自身调节，为了不被冻死，他们也只好潜入海底的泥中停留很长一段时间，进而降低身体的代谢速度，进行类似的冬眠行为，这是极少数的情况。

海龟生活在大海里，有时也会爬到岸上来，这时你会偶尔发现海龟在流泪。其实这并不是海龟在哭，因为海龟没有眼泪，它在大海里捕获食物和饮用海水，含盐量都很高，在海龟的体内有一个天然"海水淡化器"，也就是盐腺，它长在海龟的眼睛附近，海龟就是通过盐腺把多余的盐分从体内排出，排盐时我们会看到它像在流眼泪。

海龟是珍贵的海洋爬行动物。全世界海龟共有 7 种，生活在热带海洋中。海龟是上等食品，龟甲、龟掌、龟肉、龟血等都可制成名贵中药和营养品。全世界有时一年可捕捞海龟 3×10^4 吨以上，致使其数量越来越少，目前海龟已被列为重点保护对象。

海鸟是指能够适应海洋气候环境而生存的鸟类。无论在生理机能和生活习性方面，还是在形态和行为方面，海鸟都与其他鸟类大不相同。它们是在鸟类进化发展中逐渐适应海洋生活的一个类群，栖息于海岸、浅海或远洋，并以海洋生物为食。海鸟较其他鸟类成熟期较晚且长寿，因而更会享受青春时光。海鸟大多是聚居生活的，少的数十只，多的可达百万只，它们有的善于潜水，有的善于飞行。多数海鸟每年定时迁徙，而且所涉路途甚是遥远，横越赤道或环绕地球飞行的事，并不罕见。无论是在远洋、海岸还是在陆空处，它们都能长期飞行而无阻碍。

海鸟的种类约 350 种，其中大洋性海鸟约 150 种，比较著名的海鸟有信天翁、海燕、海鸥、鹈鹕、鸬鹚、鲣鸟、军舰鸟等。海鸟终日生活在海洋上，饥餐鱼虾，渴饮海水。海鸟食量大，一只海鸥一天要吃 6 000 只磷虾，一只鹈鹕一天能吃 2～2.5 千克鱼。在秘鲁海域，上千万只海鸟每年要消耗鳀鱼 400×10^4 吨，它们对渔业有一定的危害，但鸟粪是极好的天然肥料。中国南海著名的金丝燕，用唾液等做成的巢被称为燕窝，是上等的营养补品。

春末夏初黑石礁

（辽宁省海洋水产科学研究院　柴雨 摄）

翱翔天际

（辽宁省海洋水产科学研究院　李梦遥 摄）

（2）海洋哺乳动物　海洋哺乳动物主要指海兽，包括鲸目、鳍脚目、海牛目和食肉目中的海獭。在海兽中以鲸类的数量最多、经济价值最大。全世界的鲸约有 90 种。鲸的大小彼此相差很大，小的如有些海豚长超过 1 米，重几十千克，大的长几十米，重上百吨。人们习惯上把须鲸和抹香鲸等大型鲸称为鲸，而把小型鲸称为海豚。南极海域是鲸等海兽最多的地方，也是世界上最主要的捕鲸场，捕鲸产量几乎占世界总捕鲸量的 80%～90%。中国的鲸类资源也十分丰富，不仅有大型的蓝鲸、长须鲸、大须鲸、拟大须鲸、黑露脊鲸、抹香鲸，而且有大量的海豚，如长江口的白鳍豚，珠江口到厦门海域的中华白海豚等，但由于过度捕捞，现在大小鲸类已属保护对象。

其他海兽资源包括海狮、海象、海豹等鳍脚类。在种类数量上，海狮约 13 种，海象 1 种，海豹 18 种。世界各海区皆有海豹类，海象是北极特产，海狮类主要分布在北太平洋和南极海域。海狮类中有一种类称为海狗，是重要的皮毛兽之一，估计在北太平洋有 200 万头。在鳍脚类中有一种南象形海豹，是首屈一指的巨兽，雄的长达 6.5 米，重达 3 200～3 700 千克。目前已知中国海域的鳍脚类有 4 种，其中海狗、北海狮、髯海豹只是偶然捕到，数量最多的是斑海豹。鳍脚类中还有一类海牛目，共有 4 种，在中国南方海域常见的一种是儒艮，俗称"美人鱼"。

可爱的精灵——斑海豹

（辽宁省海洋水产科学研究院　马志强 摄）

4. 海洋藻类资源

海藻是生长在海中的藻类，是植物界的隐花植物。因为海藻没有维管束组织，没有真正根、茎、叶的分化现象，不开花也没有果实和种子，生殖器官没有特化的保护组织，常是直接由单一细胞产生孢子或配子，更没有胚胎的形成，所以，它们一般被认为是简单的植物。海藻是一种在海洋中分布最广的自繁生物，多分布在低潮线以下的浅海区域，海洋与陆地交接的地方，也有漂浮于水中的。这些地方海浪的冲击力比较缓和，海水中含有丰富的矿物质，加上阳光充足，为其提供了良好的生存环境。

海藻是重要的海洋生物资源之一。海藻具有叶绿素，能进行光合作用，把海洋中的无机物质转化为有机物质，是初级的生产者，也是一些海洋动物赖以生存的物质基础。海洋世界之所以如此缤纷热闹，海藻的确功不可没。目前发现的海藻有 1 000 多种，按生活习性分类，可分为底栖藻和浮游藻；按颜色分类，可分为绿藻门、褐藻门和红藻门等多个门类。这些藻类含有丰富的蛋白质、多糖、脂肪、维生素、矿物质以及具有特殊功能的生理活性物质，不仅为人类提供了近百种的海藻食品，还广泛地用于饲料、有机肥料、医药等领域，而且在微生物培养基、化工原料以及生物能源的开发利用上，也是天然原料来源。全世界海洋中海藻每年的生产量为（$1.3 \sim 1.5$）$\times 10^{11}$ 吨，但为人类所利用的只是其中很少的一部分。在约 4 500 种定生的海藻中目前只有 50 种左右已被人类利用，可见其资源潜力是非常大的。中国是利用海藻最早且最广泛的国家之一，常见的且经济价值较大的种类有 20 多种。

八、海洋生物生态类群

根据海洋生物的生活习性、运动能力及所处海洋水层环境和底层环境的不同，可将其分为海洋浮游生物、海洋游泳生物和海洋底栖生物三大类群。

（一）海洋浮游生物

海洋浮游生物是指在水流作用下被动地漂浮于水中的生物群体。这个生态类群的生物缺乏发达的运动器官，没有或仅有微弱的游动能力，多数分布于水体的上层或表层。海洋浮游生物的个体都很小，只有在显微镜下才能看清其结构，但其种类繁多，数量很大，分布又很广，几乎世界各海域都有。1887年，德国浮游生物学家 V. 亨森首先采用"Plankton"一词专指浮游生物，该词来自希腊文，意为漂泊流浪。海洋浮游生物按照营养方式的不同，可分成海洋浮游植物和海洋浮游动物两大类。除营养方式类别之外，海洋浮游生物中还有一种是海洋漂浮生物。

1. 海洋浮游植物

海洋浮游植物多为单细胞植物。其中藻类具有叶绿素或其他色素体，能吸收光能（太阳辐射能）和二氧化碳进行光合作用，自行制造有机物（主要是碳水化合物），亦称自养性浮游生物，并由此启动了水体食物链。浮游植物主要包括光合细菌、蓝藻、硅藻、自养甲藻、绿藻、金藻、黄藻等，它们是水域生态系统中的主要生产者，属于初级生产者，其中有些细菌又是还原者。由于需要吸收日光能，一般分布在海洋的上层或透光带。

2. 海洋浮游动物

海洋浮游动物是一类随波逐流漂浮于各个水层的小型动物，从表层到深海均有分布。浮游动物种类繁多，结构复杂，包括无脊椎动物的大部分门类，如原生动物、腔肠动物（包括各类水母）、轮虫类、甲壳纲节肢动物、腹足纲软体动物（包括翼足类和异足类）、毛颚动物、被囊动物（包括浮游有尾类和海樽类）以及各类动物的浮游幼体。浮游动物中以甲壳动物的桡足类最为重要，它们种类最多，数量最大，分布最广。它们不能制造有机物，必须依赖已有的有机物为营养来源，多为滤食性，其营养方式为异养方式，是海洋生态系统中的消费者。但需要说明的是，有一些阶段性的浮游动物，如各种底栖动物的浮游幼虫及鱼卵和仔稚鱼，它们也是经济鱼类的重要饵料基础。此外，有些种类对海流与水团的来龙去脉具有指示作用，是生物海洋学研究的重要对象之一。

3. 海洋漂浮生物

海洋漂浮生物是特指生活在海气界面和表面膜上的生物，又称海洋水表生物。漂浮生物包括水漂生物和漂浮生物两类，后者又包括表上漂浮生物和表下漂浮生物等。

（1）水漂生物 水漂生物生活于海气界面，一般都具有充满气体的气泡或浮体，部分身体露出水面，部分在水中。它们的行动主要借助水流或风的带动，其分布直接受风力的影响。这类生物的代表有：

① 褐藻类的马尾藻。这类藻类原为底栖固着生活，当离开固着生活以后，由于马尾藻的叶状体有浮囊，可漂浮于海水表面，虽不能生殖，但能继续生长，其时间相当长，约数百年之久。在马尾藻海，与漂浮马尾藻一起的其他藻类和动物有 50 多种，有人称之为马尾藻群落。

② 腔肠动物类中的帆水母、银币水母、僧帽水母和漂海葵等。这些动物有充满气体的浮囊体。

③ 软体动物类中的海蜗牛可捕捉气泡；海神鳃能吞入空气在胃中形成气泡；船蛸具轻薄如纸的贝壳，壳内腔可保持气体等；茗荷儿附着在悬浮物（如木材等）或动物体（如水母等）之上。

（2）漂浮生物 漂浮生物包括：

① 表上漂浮生物。表上漂浮生物生活于海水表面膜上面，是受水的表面张力支持的漂浮生物，其主要代表有昆虫中的海蝇（大洋性）和黄蝇（近岸性）。这类动物受海水表面张力的支持，能有效地控制自己在海表面上运动。

② 表下漂浮生物。这是较重要的类群，主要栖息于海水最表层（<5 厘

米）。这个类群包括终生生活于海水最表层的生物，如角水蚤、奇异猛水蚤以及阶段性生活于海水最表层的各类动物的浮性卵和漂浮性幼体。

（二）海洋游泳生物

海洋游泳生物是在水层中能克服水流阻力，自由游动的海洋生物，它们具有发达的运动器官，是海洋生物中的一个重要生态类群。这类生物是由鱼类、哺乳动物、头足类和甲壳动物的一些种类以及爬行类组成的。根据这类生物生活的不同环境和对水流阻力的不同适应能力，游泳生物可分为四个类群：

1. 底栖性游泳生物

底栖性游泳生物主要生活在海岸到数千米的海水深处，分布范围广，游泳能力较弱，如灰鲸属、儒艮属、鲽形目的种类及一些深海对虾类。

2. 浮游性游泳生物

浮游性游泳生物分布于沿岸带至远洋区，从表层到深海，有的可达最深海区，运动能力较差，如灯笼鱼科、星光鱼科的种类。

3. 真游泳生物

真游泳生物生活于广阔的海洋水层中，多分布于 1 000 米以上的水层，潜水的下限是 2 000 米，用肺呼吸，游泳能力强，速度快，如大王乌贼科、鲭亚目、须鲸科的种类。

4. 陆缘游泳生物

陆缘游泳生物常出现于海岸沙滩、岩石、冰层或浅海等处，主要分布在100 米以上的水层，如海龟科、企鹅目、鳍脚目、海牛属的种类。某些广深性种，如威德尔海豹可潜入至 600 米的深水层。

（三）海洋底栖生物

海洋底栖生物是指栖息于海洋之底或沉积物中的生物，自潮间带到万米以上的大洋超深渊带（深海沟底）都有生存，在海洋生物中属于种类最多的一个生态类群，包括了大多数海洋动物门类、大型海藻和海洋种子植物。这些生活在海底（底内和底上）的生物，由德国生物学家 E. H. 哈克尔于 1891 年首先提出"底栖生物"概念。海洋底栖生物按营养方式可划分海洋底栖植物与海洋底栖动物。其中海洋底栖植物种数很少，海洋底栖动物种类繁多、组成多样。

1. 海洋底栖植物

这类植物靠光合作用制造有机物，为自身提供营养，是生产者，为自养型生物，包括几乎全部的大型藻类，如海带、石莼、紫菜等，以及海草和红树等种子植物。它们大多营定生生活，固着于底层，主要分布在透光的潮间带和潮下带，其分布的下限会随着季节和水体混浊度的变化而变化，这些变化也和水体中阳光的透射强度变化相关。有些种类，如红藻类的海萝和红树，可以生活在潮上带，退潮后能长时间经受太阳的酷晒。另外，底栖植物还包括浒苔、水云等附着于物体或船底的种类。

2. 海洋底栖动物

海洋底栖动物可是一个复杂而庞大的家族，无论是在浅海的潮间带，还是在深深的海底，人们都能发现它们的踪迹。大多数的无脊椎动物都是它的家族成员，在这其中，甲壳类和软体动物类占据着压倒性的优势，而棘皮动物类居其次。仅在我国的南海，甲壳类中的虾类约有 250 种，蟹 350 种，软体动物达 1 800 种。这类动物绝大多数是消费者，为异养型生物，但海底热泉动物群落的成员，有的能进行化学合成作用，在无阳光和缺氧的条件下，与自养细菌共生，以无机物为生。我们将埋栖于海底的多种蛤类、梭子蟹、蝉蟹等及穴居于底内管道中的美人虾、多种蟹、多毛类、肠鳃类等统称为底内动物，将固着或附生于岩礁、坚硬物体和沉积物表面的海绵动物和苔藓动物，腔肠动物的珊瑚虫类和水螅虫类，软体动物的牡蛎、贻贝、扇贝、金蛤等，以及匍匐爬行于基底表面的螺类、海星、寄居蟹等，统称为底上动物。另外，有一些能在近底的水层中游动，但又常沉降于底上活动的对虾类、鲽形鱼类等动物，称为游泳性底栖动物；还有一些附着生长于船底、浮标、水雷或其他水下设施表面的底栖生物，如牡蛎、藤壶、苔虫、水螅、海鞘和一些藻类等，称为海洋污着生物（或称污损生物）；对于一些穿孔穴居于木材或岩礁内的底栖生物，如船蛆、海笋和甲壳类的蛀木水虱、团水虱等，称为海洋钻孔生物。

上述繁多的底栖生物如根据体形大小的不同，可分为 3 类：①大型底栖生物，体长（径）大于 1 毫米，如海绵、珊瑚、虾、蟹、多毛类；②小型底栖生物，体长（径）为 0.5～1 毫米，主要有海洋线虫、海洋甲壳动物的猛水蚤类和介形类、动物类；③微型底栖生物，体径小于 0.5 毫米，主要有原生动物、细菌。

九、海洋生物多样性

海洋生物多样性是指一定范围内多种多样活的有机体（动物、植物、微生物）有规律地结合所构成稳定的生态综合体，也可简单地表述为"生物之间的多样化和变异性及物种生境的生态复杂性"。

海洋是生命诞生和孕育之地，占地球表面积71%的海洋，不仅为人类提供了生存所需要的食物、药品、工业原料和能源等，同时也主宰着地球的气候变化、物质循环及整个生态系统的正常运作。因此，海洋生物多样性是人类赖以生存的条件，是经济得以持续发展的基础。人类生存与发展，归根结底，必需依赖于自然界各种各样的生物资源和生态环境。很少有人能了解，海洋生物多样性其实远比陆地上的来得更为丰富和珍贵。研究海洋、保护并发展海洋生物多样性，才有可能使人类多方面、多层次地持续利用甚至改造这个生机勃勃的生命世界。

生物多样性是物种种质资源适应多变的生存环境而得以维系生存、发展、进化的基础，生物多样性通常包括遗传多样性、物种多样性和生态系统多样性（包含物种多样性）三个层次。

（一）遗传多样性

遗传多样性是指生物体内决定性状的遗传因子及其组合的多样性。遗传多样性作为生物多样性的重要组成部分，也是生态系统多样性和物种多样性的基础。任何物种都有其独特的基因库和遗传组织形式，物种的多样性也就显示了基因的多样性，因此，广义上讲遗传多样性是指地球上所有生物所携带的遗传信息的总和，包含栖居于地球上的植物、动物和微生物个体的"基因"在内。通常谈及生态系统多样性或物种多样性时也就包含了各自的遗传多样性。不同种群之间或同一种群不同个体的遗传变异的总和，可认为是狭义的遗传多样性内涵，由此反映出遗传多样性也包括多个层次。遗传多样性实际上是遗传信息的多样化，而遗传信息储存在染色体和细胞器基因组的 DNA 序列中。虽然自然界内所有生物都准确地复制自己的遗传物质 DNA，将自己的遗传信息一代一代地遗传下去，保持遗传性状的稳定性，可实际上，自然界和生物本身有许多因素能影响 DNA 复制的准确性。这些影响因素可能引起的变化是多种多样的，从一个碱基对的变化，到 DNA 片段的倒位、易位、缺失或转座而引起多个碱基对的变化，而导致不同程度的遗传变异。随着遗传变异的积累，遗传多样性的内容也就不断地得到丰富。

地球上的物种几乎都是以"种群"组织形态生存的，每个"种群"都占有一定的空间。具有有性繁殖的种群，其个体间的互相交配主要在种群内进行，一般而言种间不能杂交。即使是同一物种构成的种群，生活在相似的环境空间内，但由于地区阻隔，个体间也没有交配的机会，例如，巴西和马达加斯加沿岸水域的绿海龟（绿龟）事实上就没有机会杂交；另一方面，生活在同一环境空间内的不同种群，虽然不同物种的个体间相互混杂在一起，但由于它们各自的生长、发育、性成熟、交配受精和孕期等的不同，从而保持了本种群遗传变异的特性，亦使本种群得到持续发展。在同一环境空间内，各种群因产卵时间的不同而有春季、夏季和秋季种群产卵的区分。即使是在同一时期内产卵，像大马哈鱼、鳗鱼等种群又会远离其原来生活的空间，分赴特定的场所，前者由大海到江河，后者由江河到大海深层去产卵。各种各样的鲑科鱼从海洋洄游到河流来繁殖的现象已众所周知。海龟、海鸟类和有些鲸类也总是游到特定的地方去交配、产卵或生育幼仔。金枪鱼的分布范围尤为广阔，从热带水域一直延伸到温带水域，但它们最后还是回到热带水域去产卵，成体的产卵洄游借助于水系运动，就保证了其幼体通常能从出生地被搬运到条件适宜的"少年"或成体生活地，这称为"生命周期闭合"。

总之，"基因"决定了不同种群间的行为差异，亦反映出生物的遗传多样性。由于各种群的遗传组合类型都是有限的，故而种群在突变、自然选择以及遗传漂移过程中常会出现遗传趋异。这样，有些种群就有一些其他种群所没有的特别的基因型（等位基因），在一个物种中非常罕见的等位基因也许在另一个种群内却异常丰富。所有这些异常性状的出现就是生物本身的适应性改变，

以使其在所处的特殊环境条件下更容易成功繁衍。异常变异是物种进化的重要原料储备，一个物种的遗传变异越丰富对环境变化的适应性就越强，反之，遗传多样性贫乏的物种通常在进化上的适应性弱。也就是说，种群内的遗传变异反映了物种进化潜力，因此，对遗传多样性的深入了解不但是现代生物遗传育种的基础，而且也是为适应未来人类需求的变化培育相应的品种做准备，因而也成为当今世界各国大力发展的生物技术科学的基础。

（二）物种多样性

"物种"即生物种，是生物进化链索上的基本环节，它处于不断变异与不断发展之中，但同时也是相对稳定的，是发展的连续性与间断性统一的基本形式。物种表现为统一的繁殖群体，由占一定空间、具有实际或潜在繁殖力的种群所组成，而种群间在生殖上隔离。物种多样性是指动物、植物和微生物种类的多样性和丰富性，是人类生存和发展的基础，也是衡量一定地区生物资源丰富程度的一个客观指标，是生物多样性三个层次中最为显著的中间一层。

地球上自出现生命以来，经历了约三四十亿年漫长的进化过程，形成了无数的生命有机体。迄今为止，人们还无法确认地球上到底生活着多少物种，估计有 500 万～5 000 万种或更多，目前已被描述记载的仅有约 140 万种。这是因为人类对自然的认识仍然有限，对海洋的认识更是不足。

海洋生境比陆地或淡水生境具有更多的生物门类和特有门类。在 1988 年玛格丽斯和斯沃兹列出的动物界 33 个门类中，海洋生境内共有 32 个门，其中有 15 个特有门，陆地生境内为 18 个门，仅有 1 个特有门，在两种生境共有门类中有 5 个门所包含的物种总数的 95% 都是海洋特有种。门类的多样性无疑表达了物种多样性，也表明了海洋有比陆地大得多的物种多样性。中国管辖海域已记录 20 278 种生物（1993 年），它们隶属于 5 个生物界，44 个门。动物界记录的种类最多（12 794 种），其中种类最多的是脊索动物、节肢动物和软体动物 3 个门。植物界 6 个门中，包括海藻和维管束植物两大类，海藻 3 个门已记录的有 794 种。原生动物界已记录了 7 个门近 5 000 种，其中属于肉鞭毛虫门的有孔虫、放射虫，对硅藻门研究比较深入。

海洋生物物种多样性因所处地域的不同变化很大。海藻、珊瑚、螺、蟹和鱼等许多生物类群于热带地区的多样性比寒冷地区的高得多。海星和巨藻

（褐藻门、海带目）等类群则在温寒带的东北太平洋沿岸水域内生活的物种最多。

物种多样性在印度洋、西太平洋，特别是位于菲律宾、印度尼西亚和澳大利亚东北部区域达到了顶峰，在物种总数和特有性程度，也就是在物种水平上和较高分类阶元的水平上的特有性（如属、科）都达到了高度多样性。东太平洋和西太平洋的物种多样性为中等，东大西洋区域物种多样性最低。无论是陆生生境（包括淡水），还是海生生境的物种多样性都反映出：①动物界物种多样性高于植物界；②分类阶元较低的物种多样性高于较高阶元物种多样性；③个体小型物种的多样性高于个体大型的物种。上述现象，在海洋生境中尤为明显，海洋被誉为动物的世界。

（三）生态系统多样性

生态系统多样性为最高层次的生物多样性，它代表着一个地区的生态多样化的程度。生态系统多样性与生物圈内的生境、生物群落和生态过程等的多样化有关，也与生态系统内部由于生境差异和生态过程的多样性所引起的极其丰富的种群多样化有关。它与物种多样性不同，物种多样性指的是物种的种类而不是生态系统，而生态系统多样性涵盖的是在生物圈之内现存的各种生态系统。生物圈中的生态系统有森林生态系统、草原生态系统、海洋生态系统、淡水生态系统、湿地生态系统、农田生态系统、城市生态系统等，也就是在不同物理大背景中发生的各种不同的生物生态进程。

海洋的可栖息容量要比陆地大数百倍，而且海水是互相连接的，浩瀚的海洋给予海洋生物较大的分布范围。然而，实际上海洋中存在着众多无形的阻隔（界限），因此对海洋生物而言，也就存在着不同的生态环境。

不同的生态系统反映出各自的生态环境特征和与之相适应的生物群落结构，以及环境与生物、群落内各种群之间的生态过程及其所表达的整个生态系统功能的特征。因此，在讨论生态系统多样性时需要了解生物群落的性质。全球海洋内的主要生物群落有：

1. 近海生物群落

近海生物群落是指生长在一定水域中彼此相互作用并与环境有一定联系的不同种类生物的集合体，主要包括由潮间带至大陆架边缘内侧、水体和海底部的所有生物。潮间带是海洋与陆地之间的过渡带，潮间带到大陆架内缘的海水温度、盐度和光照条件等的变化强度与外海相比明显不稳定。此外还受到陆源

和季节气候等因素的影响，环境因素的变化较为强烈而复杂，其幅度由潮间带近岸向外至大陆架内缘，逐渐由大转小。

生活在这一地区的浮游生物，无论是浮游动物还是浮游植物，其主要成员对环境变化都具有较强的适应能力，有明显的季节变化和种群交替。其中，浮游植物的组成主要是硅藻和甲藻，以及微型鞭毛藻类；浮游动物中有桡足类、磷虾类等甲壳动物，有孔虫、放射虫、砂壳纤毛虫等原生动物，有翼足类、异足类软体动物，有水母和栉水母类腔肠动物，还有浮游被囊类、多毛类和毛颚类等。由此可以看出，近海区浮游动物的特征是具有大量"季节性浮游动物"，这是由于大多数底栖动物和很多游泳生物在幼体（虫）阶段经历浮游生活过程的缘故，如藤壶的腺介幼虫、腔肠动物的浮浪幼虫、软体动物的面盘幼虫、担轮幼虫以及鱼卵和仔鱼等。

近海底栖生物中的植物主要是大型海藻类，如绿藻、褐藻和红藻门中的一些种类以及红树等少数海洋高等植物，主要分布在光线能透到的岩石和硬质底质的海底。此外，还有一些微小的底栖性硅藻类和其他门类中的少数种类，它们共同组成了"海藻场"微环境，从而引来了一些游泳生物在此捕食或产卵，还有很多种具有经济意义的鱼、虾、贝类也在此繁衍生息。由此可见，在这一区域的底栖动物种类十分丰富，几乎包含动物各门类的代表。不同的海洋底质生长着不同类型和具有不同生态特性的生物种类，形成了非常庞大而复杂的底栖生物。

近海游泳生物主要包括鱼类、大型甲壳类、爬行类和哺乳类中的一些种类。其中主要是鱼类，世界渔场几乎都位于大陆架及其附近海域，大部分鱼类均有洄游习性。爬行类中的海龟等和海兽中的海豹等虽然都能在海上取食，但必须回到陆地、海岛上去繁殖后代。此外，海洋鸟类也是近海生物群落的成员。

近海生态环境虽然复杂而多变，但这种环境却为具有各种不同生活习性和各种不同生物类群提供了良好的生存空间，致使此区域生物资源丰富，水域生产力高，渔获量也相当大，占海洋总渔获量的80%以上。

2. 大洋生物群落

大洋生物群落泛指从大陆架边缘外侧直到深海的整个海域内的海洋生物。大洋区虽然面积很大，但水环境相当一致。由于受光照、水深等的影响，水体上层的环境诸因素变化相对较大，只有随着水深增加而趋于相对稳定。在上层水域（200米以上）中，浮游植物多以微型浮游种类为优势，浮游动物则以

"终生"浮游动物为主，游泳动物的种类相当丰富，像经济价值极高的乌贼、金枪鱼、鲸等都主要分布在这一水层。在中层水域（200～1 000 米）中，均以大型磷虾类为主，成为了食物链的主要环节，小型动物则以由上层沉降下来的碎屑、有机颗粒等物质为饵料，游泳动物主要以鳕鱼类为主。在深层水域（1 000 米以下）中，生物组成以鱼类为主，其次是无脊椎动物中的甲壳类、多毛类、棘皮动物、等足类、端足类中的一些种类。在万米水深的海沟内，已发现有海葵、多毛类、等足类、端足类和双壳类中的一些种类。深海动物的数量随着海水的深度增加而递减，绝大部分水域的生物量都低于 1 克/米^3，只有在靠近大陆架的深海区生物量才较高。深海底栖生物总的个体数量虽然很少，但其种类多样性程度很高，可达到珊瑚礁生物群落的水平，种类较多，如蛇尾类、海百合类、硅质海绵和鼎足鱼等。

3. 热泉生物群落

热泉生物群落是指生活在海底热泉口和冷渗口与硫氧化细菌共生，并利用硫化氢、甲烷以及化学合成作用进行初级生产、制造有机物的海洋生物群落。形似黑烟囱的海底热泉能喷出高达 300 ℃ 的液体，其中包含大量的甲烷和硫化氢。在这一特殊的环境下，硫化细菌非常丰富，密度高达 10^6 个/毫升。与其他生态系统不同，深海热泉的生物群落不是靠光合作用从太阳那里获得能量，而是通过化学能的作用，利用甲烷和硫化物作为自己生长所需的物质和能量，也是滤食性动物饵料的基础来源。这一环境内的生物组成主要有细菌、双壳类、铠甲虾、与细菌共生的巨型管栖动物、管水母、腹足类和一些红色的鱼类。由这些生物构成了特殊的热泉生态系统，被称为"深海绿洲"。这一群落随着"热泉"的长消而出没，当"热泉"停止喷发而消失时，这一群落也随着消失，当新的"热泉"产生时，又能形成新的群落。

4. 河口生物群落

河口生物群落是以河流入海口区域特殊的生态系统为基础形成的动植物生物群落。河口是地球上两大水域生态系统之间的交替区，河口生物一般都能忍受温度的剧烈变化，但是在盐度适应方面存在较大的差异。不同的河口类型以及河口所处地域、气候或底质差异的影响，使河口区环境复杂且有很大波动。河口区生物群落的物种组成主要来自三个大方面：①来自海洋入侵的种类，它们是河口生物的主要成员；②来自淡水径流移入的种类，这种生物数量极少；③由已适应于河口环境的半咸水性特有种类。总体来说，河口生物群落的生物

种类组成较贫乏、简单，只有广盐性、广温性和耐低氧性的生物种类在此才有生存的机会。河口生物群落的种类多样性相对地较低，是由河口海湾的理化条件不利所造成的。相对来讲，某些生物种群的个体数量（丰度）很高，这是因为此区的食物条件十分适宜。河口海湾是许多海洋生物物种最重要的养育场，该区域不仅受河流及潮流的影响，还在风力的作用下使得底质沉积物（营养物质）重新悬浮，这就确保了其高生产力。再有，河口水域往往浅而混浊，制约着捕食者到此追捕幼体虾、蟹和鱼的能力，因此，几乎所有暖温带、亚热带和热带的对虾属内具有经济价值的种类，都依赖于海湾和河口等近岸海域进行阶段性养育。

5. 红树林生物群落

红树林生物群落是由"红树"大片生长成林，伴随其他植物和动物共同组成的一个互相联系的集合体，是热带和亚热带海岸特有的生物群落，通常出现于风浪较小、海水较平静的内湾、河口、沿岸沼泽和泻湖的潮间带淤泥滩上，间或生长在泥沙滩、沙滩以及泥沙覆盖的珊瑚礁环境中。这种环境对于一般生物种类的繁殖、生长并不十分有利，而红树植物却以特殊方式抗击风浪，抵御海水的高盐度，适应缺氧的泥滩，防止海水侵蚀，以特殊的"胎生"方式繁殖传播，形成了独有的生态特征，是在海中生活的为数不多的木本种子植物。由于受海水温度及潮汐影响，不同地域红树林群落的组成和同一区域内不同种红树的分布都有明显的差异。红树大多适宜年平均水温 24～27 ℃的范围，中国福建厦门以北海水年平均值低于 21 ℃，所以这些海域红树林的物种组成和数量都不如海南岛区。受潮汐影响，红树林物种在同一岸带区会出现大量红树叶自然脱落的现象，被分解形成的有机碎屑是浮游生物和底栖生物的良好饵料，从而形成了以红树叶开始的"腐屑食物链"为特征的生态系功能结构。保护红树林生物群落有利于热带、亚热带河口海岸的生态平衡。

6. 珊瑚礁生物群落

珊瑚礁生物群落是由珊瑚礁、造礁珊瑚、造礁藻类以及丰富多彩的礁栖动植物共同组成的集合体，是热带浅海特有的生物群落。珊瑚礁生物群落的组成丰富多彩，从低等的单细胞藻类到种子植物的红树，从原生动物到鱼类、爬行类都有。珊瑚礁广泛分布于温暖或热带浅海中，它们是"所有生物群落中最富有生物生产能力的、分类学上种类繁多的、美学上驰名于世的群落之一"，因此，珊瑚礁有"海洋绿洲"之称。珊瑚礁是由造礁珊瑚和造礁藻类共同组建的，在珊瑚礁形成过程中，造就了一个特殊的生态环境，引来了丰富多彩的礁栖动、植物种类，它们共同组成了珊瑚礁生物群落。

　　珊瑚礁有三种类型：岸礁、堡礁和环礁。珊瑚礁生物生长的海域水温必须高于 20 ℃，适宜温度为年平均值约 25 ℃。珊瑚礁生物群落的生物种类是所有生物群落中最为丰富的，多样性程度亦最高。几乎所有海洋生物的门类都有代表种类生活在珊瑚礁环境之中，它们各自占有适合自身生存的空间。

　　总之，不同的生物群落与之相应的非生物环境共同组成了多样化的生态系统，海洋生境比陆地和淡水具有更多的生物门类和特有门类。

十、海洋生物多样性的利用和保护

生物多样性对人类生存和发展的价值功能是巨大的。它提供给人类所有的食物和许多工业产品以及能源需求，中医药绝大部分也都来自生物，它是维持人们健康的重要组成部分。生物多样性的生态功能也是巨大的，它不仅为人类提供食物、能源、材料等基本需求，而且在自然界中也发挥着维系能量流动、净化环境、改良土壤、涵养水源及调节小气候等重要作用。人类的生存与发展，归根结底，依赖于自然界各种各样的生物。

（一）海洋生物多样性的利用

在海洋中生活的生物种类多于陆地，迄今为止，辽阔的海洋已为人类贡献了约50%的净初级生产力。依赖于海洋生物多样性的支持，海洋提供了全球生态系统约2/3的服务价值，其中包括提供大量的食物、药品、原材料以及对环境调节和气候变化等的影响。我们相信，随着海洋科学研究的深入，将会有更多更新的海洋生物物质不断地被开发利用。

1. 人类食物的来源

人类虽然在陆地上生活，但在海洋食物网中却是最高环节，消耗着大量的海洋鱼类、无脊椎动物和藻类。1994年全球海洋总的渔获量（包括鱼类、甲壳类、软体动物和藻类）就已达 9.04×10^7 吨，每年可为全球人类提供约22%的动物蛋白。由此看出，海洋已成为世界上动物蛋白的最大源泉。值得关注的是，海上养殖（包括人工养殖和半人工养殖）生物的产量在海洋渔业总产量中已占有重要的比例，并且正以每年5%的速度增长，大大快于捕捞量的增长速度。海洋资源得到了很好的利用，到 21 世纪末将有 1/3 的渔业产量来自海上养殖生产。目前，被人们直接食用的鱼、虾、贝、藻等的种类仅占海洋生物物种总数量的很小一部分。丰富的海洋生物为我们提供了广阔的开发利用前景。

2. 医药资源的利用

人类利用海洋生物作为药物治疗疾病已有上千年的历史。早在公元前 300 年，世界各国对海洋生物的药用价值就有了初步的认识。中国和日本用海藻来治疗甲状腺肿大和其他腺体病；罗马人用海藻来治愈伤口、烧伤和皮疹；英国人用紫菜预防长期航海中易患的坏血病。虽然 100 多种海洋药物资源及其功用已有记载，但是直到 1950 年，人们在一种荔枝海绵提取物中发现了一些自然形成的阿拉伯糖苷化合物，激发了人们从海洋中寻找药物的兴趣。在当代，心血管病、癌症、糖尿病、艾滋病等严重威胁着人类的健康和生存，为寻找新药，20 世纪 80 年代后期，已掀起了研究开发海洋药物的热潮，并取得了不少成效。目前从海洋生物中已经发现具有重要生理及药理活性的化合物就达上千种，中国近海已发现具有药用价值的海洋生物 700 多种。海洋生物资源是一个巨大的、潜在的新药来源宝库已成为一种共识，近 30 年来，科学家已从海洋植物、无脊椎动物等不同海洋生物中发现近万种海洋天然产物，这些生物中的活性物质，对人类重大疾病的治疗具有极大的开发和利用价值。

3. 工业材料的发展

海洋生物的工业用途最早是从海藻开始的。17 世纪法国人就用燃烧褐藻的方法从中提取钠盐（苏打）和钾盐（钾碱），接着又从海藻的分解过程中获得了碘，还有可用于爆破的丙酮溶剂。甘露醇等也是海藻工业中的主要产品之一。藻胶主要是从红藻和褐藻中提取的多糖产物，其中琼脂是从红藻中的石花菜、江蓠中提取的，它的利用范围较广，除了可以直接食用，也可以作为食品保护剂、固定剂，还可以作为啤酒、葡萄酒和咖啡的澄清剂，又可以用琼脂代替淀粉制备糖尿病人的食物，更重要的用途是作为微生物的培养基基质等。

我们熟知的，作为绿色食品可供人类直接食用的螺旋藻，因其含有60％～70％的蛋白质（并由几百种的蛋白质组成），且所含 18 种氨基酸中的 8 种是人体所必需的，因此备受人们的青睐。从螺旋藻中分离出的"拟生长因子"可以强烈刺激人体细胞增长；螺旋藻经过特殊诱变，可以大幅度增强超氧化物歧化酶的合成，从而清除人体自由基，保护细胞 DNA 和蛋白质，防止癌变和衰老；从螺旋藻中提纯的藻蓝蛋白可以提高机体免疫力；螺旋藻中维生素种类丰富，其中维生素 B_{12} 是已知生物体中含量最高的；螺旋藻中胡萝卜素含量比胡萝卜内的含量还高十倍以上，而胡萝卜素为维生素 A 的前体，同样可以抑制自由基，抑制癌症和肿瘤的发展；螺旋藻多糖可以提高淋巴细胞的活性，增强机体免疫力，还有易被人体吸收的多种微量元素和矿物质，能有效调节机体生理平衡及酶的活性。

从甲壳类（虾和蟹等）动物的外壳中提纯的甲壳胺及其衍生物已在诸如化工、贵重金属提取及污水处理等很多领域内得到了广泛的应用，尤其在饮料和药物制剂方面更为突出，用它制造的人工皮肤对各种创伤面具有镇痛、不过敏、无刺激、不被排斥、贴敷性较好和治疗时间明显缩短等优点。斯里兰卡、菲律宾、印度尼西亚和波利尼西亚等一些岛屿国家都用活珊瑚、珊瑚石、珊瑚沙等作为重要的建筑材料。

4. 海洋环境的调节和全球气候的影响

海洋生物的生理过程对海洋环境的变化起着至关重要的作用。全球大气中二氧化碳含量在不断上升，这样就使得海洋表层溶解碳的浓度提高了 2‰，但仍没有深层水高，这是因为浮游植物吸收，浮游动物捕食及钙质骨骼下沉而造成的。可以想象，如果海洋浮游植物全部消失而海洋环流依旧，那么，在相当短的时间里，大气中的二氧化碳水平将迅速增加至目前的 2～3 倍，因为深层海水会再回到表层并向大气内释放二氧化碳。正是由于海洋生物有"生物泵"作用，从而阻止了上述现象的发生。

在生产力最高的一些海域，如陆架、大陆坡上升流区以及辐散区（如赤道和近极区）等，往往也是"生物泵"工作最"艰苦"的区域。珊瑚礁、红树林、海草等群落，不仅丰富了海洋生物多样性，支持着重要的食物网，增加了海洋生态系统中的能量流动，同时还能缓冲风暴潮及狂浪的冲击，保持了岸滩，而且具有造陆的贡献。在印度洋和西太平洋的许多群岛，如马尔代夫群岛、土阿莫土群岛及马绍尔群岛等都是通过造礁珊瑚和富含钙质的藻类，如仙掌菜等共同形成珊瑚礁，其中印度洋上的马尔代夫共和国是世界上最大的珊瑚岛国。

（二）海洋生物多样性面临的威胁

在漫长的岁月里，海洋生物不断遇到非生物环境变化的挑战，只有能顺应变化或逃避变化迎接挑战的那些物种才能繁衍生息而持续发展。但是，人类活动大大增加了环境变化的强度和速度，并且造成难以恢复或无法逆转的后果。

强烈的环境变化必然威胁到物种的生存。海洋生物多样性面临的威胁最初来自人类活动最高密集的河口和沿岸近海水域，但是现今人类活动已遍及海洋各处，当今物种和生态系统所受到的威胁已达到最为严重的程度。人类活动从过度利用、自然条件改变、海洋污染、不相容物种侵入和造成全球气候变化等方面直接或间接地危及海洋生物。

1. 过度利用

海洋生物多样性对人类生存关系重大，但也面临着日益增长的巨大危险，渔场耗竭是令人最为关注的。人类为从海洋中获取食物、医药、原材料等而大量捕捞海洋生物。尽管水产养殖业发展速度相对较快，但事实上也面临着日益增长的过度捕捞。实际上，所有具商业价值的海洋生物至少在部分地区被过度利用。

过度利用不仅损害物种规模，而且会造成物种分布不均，破坏生物链，从而引起物种遗传上的变异，或改变与捕食动物、共生者、竞争者和捕食动物之间的生态关系。目前全球海洋水产捕捞业不仅过度利用诸多目标鱼类和无脊椎动物，同时，非有意捕捞也捕杀了大量无脊椎动物、鱼类、海龟、海鸟和海洋哺乳动物。美国东北部底层拖网捕捞黄尾比目鱼时，非目标鱼类占76%；在东南大西洋和墨西哥湾的拖网捕虾中，每年捕获并丢弃100亿尾鱼以及5 500～55 000只海龟，这其中也包括濒临灭绝的鳞龟，过度捕杀海洋生物导致很多稀有生物数量大幅下降。

鱼类并不是唯一被过度利用的脊椎动物，一般寿命长、繁殖慢的海洋哺乳动物、海鸟和海龟等，对过度利用极为敏感，一旦被大量捕捞后就难以恢复。致使一些种类及像海生水獭、地中海海豹等物种已近灭绝边缘，加勒比海水獭和大海雀也在过度捕捞中身受其害。1968年一头质量达4～10吨的哺乳动物海牛被捕杀，从此，海牛灭绝于世，人类从发现海牛至其灭绝仅仅27年。露脊鲸在1800年几乎就已经绝迹，其他鲸类现在仍处于灭绝的边缘。从19世纪末期开始，在40年内捕获的鲸比过去4个世纪捕获的还多，几乎每种鲸都被过度利用。无脊椎动物中的海绵动物，腔肠动物中的珊瑚类，软体动物中的珠母贝、夜光蝾螺和鲍类，以及海洋植物中的红树林，在不同国家的局部海域作为观赏、古玩商品等，同样受到过度利用，这些生物亦处于面临灭绝的境地。许多海洋科学家担心，今天的过度捕鱼正把许多物种推向灭绝的边缘。

2. 生境丧失

海洋生物栖息地的退化和丧失对海洋生物多样性的影响也是重要因素之

一。填海造地、采伐红树林、海岸河口筑堤、海滩挖沙、采矿和石油天然气的开发等都严重改变了局部海域的自然环境，直接或间接造成了自然岸线变异、海岸侵蚀加重、海洋环境污染、富营养化加剧等，致使典型海洋生态系统和重要栖息地不断丧失，海洋生物群落结构发生重大改变，海洋生物多样性也持续下降，导致优质海洋生物资源衰竭。所有这些人为活动对海洋生物多样性的损害作用又往往是多方面的。

渔业拖网捕捞相当于海洋生物赖以生存的海底家园被"犁"了一遍，既毁坏了整个深海底居住的环境，直接改变了海底底质的结构，又使剩下的海洋生物难以生存。一方面，拖网不仅破坏了生物活动层，而且被拖区域内的物种组成和结构遭到破坏，进而改变了生态系统过程，如碳的固定、氮和硫的循环、碎屑的分解、营养物重返水层等；另一方面，拖网后的水体悬浮颗粒含量可猛增10倍，严重影响水体内浮游植物的光合作用，而无法制造有机物为浮游动物提供营养。由于拖网的普遍存在，其影响的海域往往又是海洋生物物种密集的陆架海域，因此，它对海洋生物多样性的危害是非常严重的。

陆地排泄对海洋生物多样性的影响也日益严重。在江河丰水期，径流入海带来了丰富的陆源营养物质，补充了浮游植物的消耗，提高水域的"肥力"，但同时也带来了大量无机的颗粒悬浮物，这些悬浮物不仅严重地影响海水的透明度，降低了浮游植物光合作用效率，同时也加速了浮游植物的沉降速率，从而导致混浊区域生产力的明显下降。相反，江河流量减少或断流，陆源就会减少甚至丧失沉积物和营养物的供应能力，对河口和沿岸生态系统的影响是很大的。如三角洲及红树林、沼泽和泥滩生物群落退缩；埃及阿斯旺大坝建成后，总渔获量下降80％；中国黄河上游大水库的建立，沿途截流和气候影响而连续出现的断流以及长江三峡水库等将对渤海和长江口以及东海水域产生影响。

3. 环境污染

海洋污染主要来自大量的工业废弃物、城市生活垃圾、农业上过量的化肥和农药的排放以及航运业的排入。这些污染正在以前所未有的增长率增加，严重危害着海洋生物的多样性。

进入海洋环境的有毒物质包括铅、汞、镉等微量金属元素，放射性核素和石油，以及类似滴滴涕和六六六等杀虫剂、造纸排放的有毒化学品二氧芑噪、船舰和海上设施防腐油漆中的甲基丙烯酸三丁基烯的共聚体（TBT）等。进入海洋的大部分有毒物质都停留在海岸带内，然而空气中有毒物质的传布可使海洋表层富集的污染物浓度有时比深层水高出数百倍。发达国家把放射性核废料抛入深海，终有一天会散发出来，危及那里的深海生物。某些浮游生物富集放射性核素比天然水体高出 20 万倍，它们又通过食物链的逐级传递并危及许多动物。对毒物敏感的物种可引发疾病、免疫系统损害、繁殖率下降以及畸变直至死亡；耐污染的物种则大量繁殖，致使耐污染基因类型得以发展，终将影响物种的遗传多样性。

海水富营养化将导致海洋植物种类组成发生变化，致使有些单胞藻类得以暴长而发生"赤潮"，引起大量鱼类和无脊椎动物死亡，造成低氧或缺氧环境，亦能引起底栖生物群落结构发生变化。

各种固体废弃物倾入海内，特别是难降解的合成材料，如塑料制品、捕鱼器具等，容易伤害一些海洋动物。被丢弃的网具，包括鱼夹及线，不断地缠绕海洋生物，致死的海洋生物又引来了其他动物，形成恶性循环，这一现象被称之为"鬼魂捕捞"。塑料废弃物很容易被某些海洋动物所吞食，严重的可能死于堵塞。几乎每年有几千只阿拉斯加普里比罗夫群岛上的北海狗受害致死。固体废弃物对海洋生物的危害已成为日益严重的问题。

近 20 年来，大规模发展起来的海水养殖业，同样对海洋生态环境产生严重影响。此外，空气中传送有害物质将危及大洋海域。噪声污染对海洋哺乳动物也产生了威胁。

4. 生态入侵

外来物种，简单来说就是非本地物种，具体是指那些出现在自然分布范围及扩展潜力以外（即在其自然分布范围以外或在没有直接或间接引入或人类照顾之下而不能存在）的生物种类。外来物种是生态入侵、生物污染、外来种和引入种等的同名词，是由人类活动有意或无意引入在某海域历史上从未出现过的物种。外来物种具有竞争性、捕食性、寄生性和防卫性。外来物种入侵的主要途径是随着人类活动而带入，其主要方式是船舶压舱水异地排放的无意带入和水产养殖种类的有意引入等。

压舱水一般来自船舶的始发港或途径的沿岸水域。据估计世界上每年经船舶转移的压舱水有 100 亿吨之多，其中带有几百种浮游生物、底栖生物、游泳生物的幼体或藻类孢子等，它们被吸入并转移到下一个挂靠的港口，造成外来物种的入侵。一艘大型货船，几乎在任何时刻都能把几百种生物通过压舱水的携带，利用全球庞大的海运网送往世界各大洋。像一些甲藻和硅藻，如果出现在以前并不存在的海水中，一旦得到必要的营养条件，就会造成危害极大的赤潮。自 1869 年苏伊士运河开通以来，就有 250 余种生物从红海进入地中海，

这些外来生物被引入后，有的种类根本破坏或改变了原来的生态面貌，例如食肉性的红螺 1947 年自日本海被迁移到黑海，十年后，几乎将黑海塔乌塔海滩的牡蛎完全消灭。

从 20 世纪 70 年代开始，水产养殖支持者把具有经济价值的鱼、虾、贝（牡蛎、扇贝）等物种的引入同农业引种同等看待，这对发展海洋农牧化经济具有重要意义，但是也有部分种类由于引种不当，成为有害物种，因此在引种前，必须对引进种在今后对该海域可能产生的环境影响进行科学论证。因为物种侵入有可能导致自然生物群落的根本变化，再加上寄生虫和疾病的影响，所造成的经济和社会后果是严重的。例如，引入西大西洋的栉水母已毁坏了亚速海和黑海的渔业；现遍布于地中海的红海贝类也损害了以色列的渔业、沿岸电厂和旅游业；有毒浮游生物的引入导致赤潮，不仅毒害生物群落内的其他种群，还通过贝类传递有毒物质直接对人体健康产生严重影响。

无论是人为的有意引进还是自然的物种无意入侵都还在继续，如果得不到有效控制，其后果将不堪设想。

5. 气候变化

气候变化"操纵"着海洋生物的迁徙。气候变化引起的海洋表层温度、CO_2 浓度、海平面的上升、降水量变化、海洋水文结构变化以及紫外线辐射增强等是对海洋生物多样性影响最大的。

由于温室气体的增加，地球平均温度在下个世纪估计将增加 1～3 ℃。温室效应造成平流层臭氧浓度减少，到达地球表面的太阳紫外线辐射增加，而在紫外线辐射能深及海洋生物生态系统比较活跃的水层（10 米深度）内，生物体中的蛋白质和核酸，受紫外线辐射后会发生化学变化，损害遗传物质 DNA。据估计，臭氧减少 10%，会使损害 DNA 的紫外线增加 28%，从而导致许多海洋生物结构和功能出现异常。紫外线对海洋浮游生物和某些鱼类幼体阶段的生物种群产生的影响显而易见。

海水温度的上升将引起水体膨胀和冰川融化，从而使海平面上升，继而引起海岸带生态系统向陆地后退，直接影响全球海洋海岸带的生物多样性。海面上升也将损害岛屿生态系统，甚至摧毁一些海岛国家，如马尔代夫由 1 190 个小岛屿组成，仅高出海面 2 米，由 9 个环礁组成的链状国家图瓦卢，岛屿的最高点仅 0.8 米，它们即使不被淹没，生态系统也将严重破坏。全世界的盐沼、红树林、珊瑚礁等生态系统亦将随着海平面上升而遭到严重破坏。温室效应不仅改变了地球表面的热量分布，也将改变海洋环流、降水和风暴路径。

随着气候变化的继续，浮游生物生态类型的分布必将改变，有可能向极地移动，形成大规模的迁徙。大多数海洋生物也将会逐渐离开其传统的栖息地，从而影响全球海洋生态系统的格局，或在世界范围内重组海洋生态系统。

（三）海洋生物多样性的保护

海洋生物多样性是人类赖以生存的宝贵财富，人类开发利用海洋生物资源应该遵循可持续发展的原则。

1. 保护好物种的多样性

海洋生物物种是海洋生物物种多样性的基本单位，只有在种群间各物种得到自然平衡，物种和物种多样性才能持续发展。

2. 保护好环境的多样性

海洋环境多样化是丰富海洋生态系统多样性的重要基础，生物与环境之间都必须依靠对方的正常运转，才能保持生态系统平衡而得以持续发展。因此，为了当代人的受益，更是为了造福后代子孙，我们必须清醒地意识到保护海洋生物多样性的紧迫性与必要性，积极采取保护海洋生物多样性的有效对策加以认真落实。例如，国家制定政策能体现保护与发展、局部与整体、眼前与长远利益相结合的原则而不至于刺激滥用生物资源，防止海洋生物环境污染；制定国家和地方级的海洋生物多样性保护对策和行动计划，提供必要的经费保证；加强重要物种及遗传资源的迁地保护，建立自然保护区；加强专业人才培养，促进科学研究是保护和持续利用海洋生物多样性的基础。

海洋生物多样性保护是全球海洋国家共同的任务，必须通过国际或地区合作、交流、共享信息技术，才能使海洋生物多样性保护收到更大的成效。

十一、海洋污染及其危害

（一）海洋污染

海洋污染通常是指人类改变了海洋原来的状态，使海洋生态系统遭到破坏，有害物质进入海洋环境而造成的污染。海洋污染会损害生物资源，危害人类健康，妨碍捕鱼和人类在海上的其他活动，损坏海水质量和环境质量等。

海洋面积辽阔，储水量巨大，因而长期以来是地球上最稳定的生态系统。由陆地流入海洋的各种物质被海洋接纳，而海洋本身却没有发生显著的变化。然而近几十年，随着世界工业的发展，海洋的污染也日趋加重，使局部海域环境发生了很大改变，并有继续扩展的趋势。

海洋污染主要发生在靠近大陆的海湾。由于密集的人口和工业，大量的废水和固体废物倾入海水，加上海岸曲折造成水流交换不畅，使得海水的温度、pH、含盐量、透明度、生物种类和数量等性状发生改变，对海洋的生态平衡构成危害。海洋污染突出表现为石油污染、赤潮、有毒物质累积、塑料污染和核污染等几个方面。污染最严重的海域有波罗的海、地中海、东京湾、纽约湾、墨西哥湾等。就国家来说，沿海污染严重的是日本、美国、西欧诸国和前苏联国家。我国的渤海湾、黄海、东海和南海的污染状况也相当严重，虽然汞、镉、铅的浓度总体上尚在标准允许范围之内，但在局部已出现超标区，石油和化学耗氧量在各海域中均有超标现象，其中污染最严重的渤海，已造成渔场外迁、鱼群死亡、赤潮泛滥，有些滩涂养殖场荒废，一些珍贵的海生资源正在丧失。

在人类生产和生活过程中，产生的大量污染物质不断通过各种途径进入海洋，对海洋生物资源、海洋开发、海洋环境质量产生的不同程度的危害最终又将危害人类自身：局部海域水体富营养化；油海域至陆域使生物多样性急剧下降；海洋生物死亡后产生的毒素通过食物链毒害人体；破坏海滨旅游景区的环境质量，使其失去了应有的价值。

据统计，在全球有超过 400 个由逐渐增加的富养径流造成的海洋死区，这些死区的分布符合人类的足迹分布情况。海洋的缺氧区域在夏季有成千上万千米^2，而且了无生机。美国国家科学基金会测量的结果是每隔 10 年死区的面积就翻倍，包括墨西哥湾在内的大多数死区，都是由随河流一起排放的污染物所致。它们是这样形成的：每年，春季径流都在农田里冲刷着富含氮氧的肥料，之后再将它们带入河流和小溪，最后，氮从河流的入海口倾斜入海湾，这些氮使海湾微小的浮游生物大量生长。当这些浮游生物死掉，就沉入海底，它们的腐败物会夺走海水里的氧气，海水变成低氧的状态，使依靠氧气存活的鱼虾死亡。近年来，这部分死区在每年夏天，都会扩大到约 20 000 千米^2。

1. 主要污染物

根据污染物的性质和毒性，以及对海洋环境造成的危害方式，主要污染物有以下几类：

（1）石油及其产品　石油及其产品包括原油和从原油中分馏出来的溶剂油、汽油、煤油、柴油、润滑油、石蜡、沥青等，以及经过裂化、催化而成的各种产品。据估算，每年排入海洋的石油污染物约 1 000 万吨，主要来自工业生产，也包括海上油井管道泄漏、油轮事故、船舶排污等因素。特别是一些突发性的事故，一旦发生泄漏，一次油量可达 10 万吨以上，会造成大片海水被油膜覆盖，导致海洋生物大量死亡，严重影响海产品的价值及其他海上活动。

海洋石油污染有两种来源：一种是海洋自身来源，主要是生物代谢或死亡分解产生和海底石油渗漏等；另一种由人类活动产生，以船舶运输、海上油气开采及沿岸工业排污为主。船舶泄漏是污染的主要来源，据统计，仅 1970—1990 年，发生的油轮事故就多达 1 000 起，每年排入海洋的石油有 1 000 万～1 500 万吨。

（2）重金属和酸碱　重金属包括汞、铜、锌、钴、镉、铬等；非金属及酸和碱包括砷、硫、磷等。由人类活动而进入海洋的汞，每年可达万吨，已大大超过全世界每年生产约 9 000 吨汞的记录。这是因为煤、石油等在燃烧过程中，会使其中含有的微量汞释放出来，逸散到大气中，最终归入海洋，估计全球每年污染海洋的汞约 4 000 吨。镉的年产量约 1.5 万吨，据调查镉对海洋的污染量远大于汞。随着工农业的发展，通过各种途径进入海洋的某些重金属和非金属以及酸碱等的量，呈增长趋势，加速了对海洋的污染。

例如，人类生产过程中产生的二氧化碳大部分都进入了海洋，自工业革命开始以来，海洋已经吸收了大部分排放到大气中的二氧化碳。我们都知道，原始海水 pH 为 8～8.3，因此海水在自然状态下成碱性，进入海洋的二氧化碳会彻底改变海水的化学性质，降低海水的 pH，使得海水向更具有酸性的环境条件转变。海洋酸碱度的变化对自身及海洋生物都会造成巨大的影响：pH 变化可能危害某些海洋生物，特别是那些具有碳酸盐外壳的海洋生物；pH 下降阻碍了碳酸钙的形成，降低了生物的生长速度，甚至导致生物死亡；浮游植物，例如球石藻类，它们可以产生碳酸钙的外壳，靠这种外壳浮游到海面附近，从而利用海面充裕的阳光进行光合作用，如果他们无法形成碳酸钙外壳，就大大降低了光合作用，引起死亡，还有一些浮游动物及软体动物，他们都具有碳酸钙的骨板或是外壳，这些动物同时也是鱼类和海洋哺乳类的重要食物来源。

海洋酸碱度的变化还会影响珊瑚礁生物群落。珊瑚分泌碳酸钙，碳酸钙逐渐构成骨架，日积月累形成珊瑚礁，珊瑚礁是珊瑚礁生物群落的重要组成部分，是海洋生产率和生物多样性最强的生物群落之一，海洋酸化会降低珊瑚礁的生成，同时影响珊瑚礁生物群落中的共生藻类和栖息的鱼类等海洋生物。

（3）农药　农药污染是海洋污染的重要来源，包括农业上大量使用含有汞、铜等重金属以及有机氯、磷等成分的除草剂、灭虫剂，以及工业上应用的多氯酸苯等。这一类农药具有很强的毒性，它们经雨水的冲刷、河流和大气的搬运最终进入海洋，能抑制海藻的光合作用，使鱼、贝类的繁殖力衰退，降低海洋生产力，导致海洋生态失调，这些有毒物质经海洋生物体的富集作用，通过食物链而最终进入人体，产生的危害性相当大，每年因此中毒的人数多达10 万人以上，人类所患的一些新型癌症与此也有密切关系。

（4）有机物质和营养盐类　这类物质比较繁杂，包括工业排出的纤维素、糖醛、油脂；生活污水的粪便、洗涤剂和食物残渣，以及化肥的残液等。这些物质进入海洋，造成海水的富营养化，会促使某些生物急剧繁殖，大量消耗海水中的氧气，易形成赤潮，继而引起大批鱼虾贝类的死亡。

在自然条件下，随着海洋植物的光合作用、海洋腐烂生物的积累和海洋动物的富集，海水慢慢会从低营养状态过渡到富营养状态，不过这种自然的营养变化过程是非常缓慢的。但是随着工业的发展和人类活动的频繁，使这种营养变化变得异常剧烈。农业上大量含氮、磷肥料的生产和使用，食品加工和畜牧产品加工等工业废水和大量城市生活污水未经处理即排放到海洋中，使得海洋水体在短时间内出现富营养化。

值得注意的是，人类生活污水中所含有的大部分为合成洗涤剂，这种表面活性剂、增净剂等组成的合成洗涤剂是人类重要的发明，但是它在提升生活质量的同时对环境造成了具体的影响。表面活性剂在环境中存留时间较长，消耗水体中的溶解氧，对水生生物有毒性，会造成鱼类畸形；增净剂如磷酸盐，可使水体富营养化。

(5) 放射性核素　放射性核素是由核武器试验、核工业生产和核动力设施释放出来的人工放射性物质，主要是锶-90、铯-137等半衰期为30年左右的同位素。据估计，进入海洋中的放射性物质总量为2亿~6亿居里，这个量的绝对值是相当大的。由于海洋水体庞大，在海水中的分布极不均匀，在较强放射性水域中，海洋生物会通过体表吸附或通过食物进入消化系统，并逐渐积累在器官中，最终通过食物链作用传递给人类。

(6) 固体废物　固体废物主要是工业和城市垃圾、船舶废弃物、工程渣土和疏浚物等。据估计，全世界每年产生各类固体废弃物约百亿吨，若1%进入海洋，其量也达亿吨。海洋的胃口很大，能消化许多有机物质，但即便如此，大海也不能消化所有的东西。不能消化的，它便吐出来，不仅污染海水，也污染海岸。地中海西北沿岸的法国和西班牙海域，已经"接纳"了1.75亿吨垃圾废物。每天，海水将它们不能"解决"的东西再还给海岸，每千米海岸每天收回大约2米³的垃圾。有些海洋垃圾不易分解，存在时间长达几十年，如塑料、金属、玻璃等，其中，塑料垃圾还会吸附海中的毒性有机化合物。

塑料袋在大海中很难降解，要花上几百年的时间。而且一些海洋生物也受到了塑料袋的威胁，海龟就很喜欢吃在水中好像水母一样漂浮的塑料袋，曾经有人发现一只海龟的肛门有白色物品，拉出来以后发现是只白色塑料袋，接着又有一个，就这样，一共拉出了4个。有些海龟由于误食塑料，无法沉入海水中觅食，只能浮在水面等着死去。网上流传的一段视频中，一根长达20厘米的吸管从一只海龟的鼻孔里一点点拔出，鼻孔流淌着鲜血，可想而知当年插入吸管时的痛苦和这些年来海龟遭受的磨难。而被废弃的渔网更是许多海洋生物的噩梦，每年丧生于这些死亡陷阱中窒息而亡的海豹多达上千头，同时受到威胁的还有鲨鱼、海豚和其他海洋鱼类及哺乳动物。

海水的污染物中，有4/5来自海岸，因此，彻底解决海洋污染的唯一途径

是在海岸回收所有废旧物品。海洋垃圾可随洋流和海风长距离移动，会跑到非常偏远的地方。这些固体废弃物严重损害近岸海域的水生资源并破坏沿岸景观。

（7）废热　工业排放出的热废水造成海洋的热污染。在局部海域，如有比原正常水温高出 4 ℃以上的热废水常年流入，就会产生热污染，将破坏生态平衡和减少水中溶解氧。研究表明，受海洋水温逐渐升高的影响，海洋出现沙漠化日益严重的趋势，海洋"沙漠"并不是我们传统意义上认知的沙漠，而是指海洋中贫瘠的区域。如今，海洋"沙漠"的扩张速度已超出了人们的预测，据不完全统计，其面积约占全球海洋面积的 20％。在近 10 年的时间里，海洋"沙漠"扩张了 660 千米^2，与 1998 年相比，2007 年太平洋和大西洋海洋生物稀少的盐水区增加了 15％。海洋"沙漠"对海洋的影响是巨大的，海水升温阻碍了不同水层之间的热交换，使海水不同水层屏障现象更加恶化，阻止深度海域的营养物质上升到海洋表面向海洋植物生命提供食物，使海洋植物大量死亡，切断了海洋食物链的基础，从而使得海洋生物很难在海洋"沙漠"区域生存。

2. 海洋污染的因素

上述所列出的各类污染物质大多是从陆上排入海洋的，也有一部分是由海上直接进入或是通过大气输送到海洋的。这些污染物质在各个水域的分布是极不均匀的，因而造成的不良影响也不完全一样。从污染源的角度来看，海洋污染的因素分为以下几个方面：

（1）陆源污染　陆源污染物质种类最广、数量最多，对海洋环境的影响也最大，特别是对封闭和半封闭海区的影响尤为严重。陆源污染物可以通过临海企事业单位的直接入海排污管道或沟渠、入海河流等途径进入海洋。沿海农田施用的化学农药，在岸滩弃置、堆放的垃圾和废弃物，都可能对环境造成污染损害。

（2）船舶污染　海上的船舶由于各种原因，常常向海洋排放油类或其他有害物质。船舶污染主要是指船舶在航行、停泊港口、装卸货物的过程中对周围水环境和大气环境产生的污染。主要污染物有含油污水、生活污水、船舶垃圾三类。另外，船舶也会产生粉尘、化学物品、废气等，但总的说来，对海洋环境的环境影响相对较小。

（3）海上事故　海上事故包括船舶搁浅、触礁、碰撞以及石油井喷和石油管道泄漏等，虽概率不高，但这一类事故对海洋环境影响也是比较严重的。

（4）海洋倾废　海洋倾废是向海洋倾泻废物以减轻陆地环境污染的处理方法，是通过船舶、航空器、平台或其他载运工具向海洋处置废弃物或其他有害物质的行为，也包括弃置船舶、航空器、平台和其他浮动工具的行为。这是人类利用海洋环境处置废弃物的方法之一，具有经常性和普遍性。

（5）海岸工程建设　一些海岸工程建设改变了海岸、滩涂和潮下带及其底土的自然性状，破坏了海洋的生态平衡和海岸景观。

海岸工程建设显著影响海域的物理特性，改变海陆依存关系，会使以海洋及海岸带为依存条件的海洋生态系统发生变化。无论哪种海洋生态系统都具有调节、生境、生产和信息四种功能，人类的沿海工程建设，如填海造地、围海造田、码头工程等，毁坏了一部分的海岸、滨海、湿地等重要海洋生境，同时消除了在这些生境中形成的各类海洋生态系统及其所对应的服务功能。填埋海洋，破坏原始岸线获得的陆地，可以承载人类相关的陆路活动，这块新形成的人工陆地同样具有某种生态和经济价值。但是，作为人造系统的新形成的陆地，并非出于生态建设目的，因此它所形成的生态服务功能所创造的生态及经济价值远低于自然形成的生态系统。

锦州港
（辽宁省海洋水产科学研究院　宋伦 摄）

有关于海洋功能区划的研究发现，海洋功能具有一定的复合性。如果与海洋生态系统的多种服务功能相联系，海洋功能的复合性就更明显了。填海造地等破坏海岸线的人为活动是以牺牲海洋的复合功能换取新造陆地的承载功能，一些破坏海洋天然原始岸线的人为活动正在改变着大陆的版图，而它对生态造成的影响是不可估量的。

海洋污染的特点是，污染源多、持续性强，扩散范围广，难以控制。海洋污染造成的海水浑浊严重影响海洋植物（浮游植物和海藻）的光合作用，从而影响海域的生产力，对鱼类也有危害。重金属和有毒有机化合物等有毒物质在

海域中累积，并通过海洋生物的富集作用，对海洋动物和以此为食的其他动物造成毒害。石油污染在海洋表面形成面积广大的油膜，阻止空气中的氧气向海水中溶解，同时石油的分解也消耗水中的溶解氧，造成海水缺氧，对海洋生物产生危害，并祸及海鸟和人类。由于富氧有机物污染引起的赤潮，造成海水缺氧，导致海洋生物死亡。海洋污染还会破坏海滨旅游资源，因此，海洋污染已经引起国际社会越来越多的重视。

由于海洋的特殊性，海洋污染与大气、陆地污染有很多不同，其突出的特点有：①污染源广，不仅人类在海洋的活动可以污染海洋，而且人类在陆地和其他活动方面所产生的污染物也将通过江河径流、大气扩散和雨雪等降水形式，最终汇入海洋；②持续性强，海洋是地球上地势最低的区域，不可能像大气和江河那样，通过一次暴雨或一个汛期，使污染物转移或消除，一旦污染物进入海洋，很难再转移出去，不能溶解和不易分解的物质在海洋中越积越多，往往通过生物的浓缩作用和食物链传递，对人类造成潜在威胁；③扩散范围广，全球海洋是相互连通的一个整体，一个海域污染了，往往会扩散到周边，甚至有的后期效应还会波及全球；④防治难、危害大，海洋污染有很长和积累过程，不易及时发现，一旦形成污染，需要长期治理才能消除影响且治理费用大，造成的危害会影响到各方面，特别是对人体产生的毒害，更是难以彻底清除干净。

（二）环境污染的危害

1. 赤潮

人类在接受海洋的赐福时，却不断地制造海洋污染，破坏海洋生态系统。污水、废渣、废油和化学物质源源不断地流入大海，加之毁灭性的捕捞等，使情况越来越糟。同样的，海洋也会让人类自食恶果。

不知从何时起，海水开始成为一个不折不扣的"杀手"，它亲手毁灭着无数自己孕育出来的生命。也许你不相信这个事实，可是经历过赤潮袭击的渔民，仍对那海水变红、鱼虾惨死的场面不寒而栗。在"海洋世纪"来临之际，一次次的赤潮用残酷的事实在告诫我们——海洋不是垃圾桶！

赤潮又称红潮，国际上也称其为"有害藻华"或"红色幽灵"，它是在特定的环境条件下，海水中某些浮游植物、原生动物或细菌爆发性增殖或高度聚集而引起水体变色的一种有害生态现象。广义赤潮具体又分为以下几个类别：藻华、赤潮、有毒赤潮、有害赤潮。

（1）藻华　藻华又称为水华，是指在一定条件下水体中的浮游生物细胞数量的增加导致水体出现一定程度变色的生态现象。藻华主要发生在水温适宜、阳光充足的春季。随着季节的变换，自然形成的水华现象会很快消失，并不会给环境带来太大影响。

（2）赤潮　赤潮是指在一定的环境条件下，海水中某些浮游植物、原生动物或细菌在短时间内突发性增殖或高度聚集而导致水体变色的生态异常现象。赤潮生物不仅涉及甲藻类浮游生物，在特定的环境条件下，某些硅藻、蓝藻、隐藻、绿色鞭毛藻等浮游植物和原生动物中缢虫以及某些细菌都可形成赤潮。

赤潮并不一定都是红色，而是各种颜色的生物突发性增殖现象的统称。因生物种类和数量的不同，水体呈现不同的颜色，如红色、砖红色、绿色、黄色、红棕色、棕色等。

（3）有毒赤潮　有毒赤潮是指赤潮生物体内含有某种毒素或能分泌毒素，而且是赤潮毒素达到或超过一定浓度标准的赤潮。发生有毒赤潮时，水体中含有有毒藻类，有时水体未变色，叶绿素浓度也不高，但毒素超标。

赤潮毒素是由有毒赤潮生物产生的天然有机化合物，是当今发现的毒性最大的天然有机毒物。其对人体的危害多通过人们食用含有这些毒素的贝类海产品表现出来，因此通常称这些毒素为贝毒。赤潮生物毒素种类繁多，根据人体中毒症状，主要有麻痹性贝毒、神经性贝毒、腹泻性贝毒、失忆性贝毒、西加鱼毒等。

目前已被确定的有毒赤潮生物有 83 种，其中以甲藻纲居多。这些赤潮生物含有赤潮生物毒素，鱼、虾、贝等摄食这些有毒的赤潮生物后，就会引起中毒或死亡，如短裸甲藻引发的赤潮。有些赤潮生物虽然含有赤潮生物毒素，但它们对贝类和鱼类不能造成致命伤害。在贝类或鱼类的滤食及呼吸过程中，这些毒素可以在他们体内消化、吸收和积累，如果其他脊椎动物或人类食用了这些有毒的贝类或鱼类，就会发生中毒，甚至死亡。有些有毒赤潮生物存活时不释放赤潮生物毒素，但在繁殖代谢过程和赤潮消亡阶段，死亡的赤潮生物分解后，其体内的毒素可以释放到水体中，继续毒害海洋生物，如多边膝沟藻。

（4）有害赤潮　有害赤潮是指赤潮过程引起海洋生态系统异常变化，造成海洋食物链局部中断，破坏了海洋中的正常生产过程，即营养物质→浮游植物→浮游动物→鱼、虾、贝类等，威胁着海洋生物的生存。沿岸水域发生的严重赤潮大多都造成了局部区域海洋食物链中断，使海洋中的正常生产过程受到破坏。同时，有些赤潮生物（如某些甲藻）能向体外分泌黏液，还有一些赤潮生物死亡分解后也产生黏液，在海洋动物的滤食或呼吸过程中，这些带黏液的赤潮生物可以附着在海洋动物的鳃上，使他们窒息死亡，对养殖业影响最大，因为他们不同于野生种类，不能自由游泳逃离赤潮影响区。此外，大量赤潮生物死亡后，赤潮生物残骸被需氧微生物分解，不断消耗水体中的溶解氧，造成缺氧环境，引起鱼虾贝类等大量死亡；在缺氧条件下，赤潮生物残骸被厌氧微生物分解，就会释放大量硫化氢和甲烷等，这些物质对鱼虾贝类等具有致死的毒效，大多数硅藻引发的赤潮属于这种类型。另外，在赤潮分布区域内，赤潮生物大量繁殖，并在表层聚集，抢先吸收阳光，并遮蔽海面，使水下其他生物得不到充足的阳光，影响了海洋生物的生存和繁殖。高密度赤潮生物引发赤潮时，经常发生底部海洋生物大量死亡现象。这些赤潮统称有害赤潮。

按照目前国际赤潮研究界的定义，有毒赤潮和有害赤潮统称为有害藻华。

2. 厄尔尼诺现象和拉尼娜现象

厄尔尼诺现象和拉尼娜现象一样，都是一种海水温度大范围季节性异常变化的现象，由此可导致一些地区的天气异常，从而形成气象灾害。科学家们认为，厄尔尼诺现象和拉尼娜现象的发生是自然环境日益恶化的表现，是地球温室效应增加的直接结果，与人类向大自然过多索取而不注意环境保护有关。

厄尔尼诺现象是指赤道太平洋中、东部每隔若干年发生一次大规模海水温度异常增高的现象。在赤道南北两侧，由于长年受到东南信风和东北信风的吹拂，形成两股自东向西的洋流，而下层冷海水上涌补充，使得太平洋海面的水温西高东低。但是，有的年份东南信风突然变弱，使得南赤道洋流也变弱，太平洋东部上升的冷水减少，而更多的暖水随赤道逆流涌向太平洋东部。厄尔尼诺现象明显出现在南太平洋东岸，即南美洲的厄瓜多尔、秘鲁等国的西部沿海，周期一般为2~7年。它的出现一般在圣诞节前后或稍后一两个月，于是讲西班牙语的当地人把它称为"厄尔尼诺"，即"圣子"。

拉尼娜现象正好与厄尔尼诺现象相反，是指赤道太平洋中、东部地区海水温度异常变冷的现象。拉尼娜的发生与赤道偏东信风加强有关。偏东信风加强，赤道洋流受信风推动，从东太平洋流向西太平洋，使高温暖水在热带西太平洋地区堆积，成为全球水温最高的海域。相反，在赤道东太平洋表层比较暖的海水向西输送后，深层比较冷的海水就来补充，因此造成东太平洋海表水温偏低，从而引发拉尼娜现象。讲西班牙语的南美当地人就把它称为"拉尼娜"，即"圣女"的意思。

一般认为，厄尔尼诺与拉尼娜现象是太平洋赤道带大范围内海洋与大气相互作用失去平衡而产生的一种气候现象。沃克环流的强弱变化是判断厄尔尼诺和拉尼娜现象的重要依据。

厄尔尼诺现象导致海洋上空大气层气温升高，破坏了大气环流正常的热量、水蒸气等分布的动态平衡。这种海水和空气温度异常升高的结果，往往是全球范围的异常天气变化。这使得一些地区到了该冷的时候冷不下来，另一些地区该热的时候热不起来；那些原来多晴少雨的地区却出现了雨量猛增而形成洪涝灾情，那些原来雨量充沛的地区反而烈日当空久旱缺雨。发生厄尔尼诺现象的年份，赤道太平洋中部、东部地区降水量通常都会大大增加，而澳大利亚、印度尼西亚等太平洋西部地区则干旱不雨；北半球的很多地区都会出现冬天气温偏高而夏季气温较低的暖冬凉夏现象。

拉尼娜现象一般会紧随厄尔尼诺现象出现，是一种厄尔尼诺年之后的矫正过渡现象。当厄尔尼诺现象出现时，赤道东太平洋表面海水温度异常升高，热量向空气扩散，热空气再被太平洋上空的大风吹走，上层海水的温度逐渐下降，这时海洋深处的冷海水再翻上来，使得海水表面温度进一步下降。如果大范围上层海水持续变冷达 6 个月以上，其温度低于常年 0.5 ℃以上，就形成了拉尼娜现象。

厄尔尼诺现象和拉尼娜现象都会引起全球气候系统的异常变化而形成气象灾害。而这两种灾害截然相反，一个是使气候变暖，另一个是使气候变冷。

1997 年肆虐全球的厄尔尼诺现象引起全球许多地区的气候异常，一些国家和地区暴雨频繁、洪涝成灾，同时另一些国家和地区则高温少雨，干旱严重，被认为是 20 世纪持续时间最长、波及面最广、破坏最严重的一次，至少造成 2 万人死亡，全球经济损失高达 340 多亿美元。

2008 年年初，一场 50 年不遇的暴风雪覆盖了中国南方大片土地，这场大雪和冻雨让"拉尼娜"闻名全国。那时正是拉尼娜年，这个被称为"圣女"的"魔法小姑娘"将半个中国搅得一团糟。拉尼娜和人们所熟悉的"圣子"厄尔尼诺是一家人，它们会交替出现，周期为 2～7 年。

3. 日本水俣病事件

日本熊本县水俣湾外围的"不知火海"是被九州本土和天草诸岛围起来的内海。水俣镇是水俣湾东部的一个小镇，有 4 万多人居住，周围的村庄住着 1 万多农民和渔民，这里丰富的海产使小镇生意格外兴隆。

1925 年，日本氮肥公司在这里建厂，随后开设了合成醋酸厂，1949 年，这个公司又开始生产氯乙烯，长期以来，工厂把没有经过任何处理的废水排放到水俣湾中。1956 年，水俣湾附近发现了一种奇怪的病，这种病最初出现在

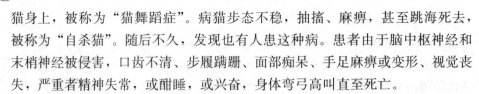

猫身上，被称为"猫舞蹈症"。病猫步态不稳，抽搐、麻痹，甚至跳海死去，被称为"自杀猫"。随后不久，发现也有人患这种病。患者由于脑中枢神经和末梢神经被侵害，口齿不清、步履蹒跚、面部痴呆、手足麻痹或变形、视觉丧失，严重者精神失常，或酣睡，或兴奋，身体弯弓高叫直至死亡。

这种怪病就是日后轰动世界的"水俣病"，是由于工业废水排放污染造成的公害病。"水俣病"的罪魁祸首是当时处于世界化工业尖端的氮生产企业。氮用于肥皂、化学调味料等日用品以及醋酸、硫酸等工业用品的制造上，然而，这个"先驱产业"的肆意发展，却给当地居民及其生存环境带来了无尽的灾难。在制造氯乙烯和醋酸乙烯的过程中，要使用含汞的催化剂，这使排放的废水中含有大量的汞，当汞在水中被水生生物食用后，会转化成甲基汞，这种剧毒物质只要有耳挖勺一半大小就可以致人死亡。水俣湾由于常年被工业废水严重污染，这里的鱼虾类也被污染，这些被污染的鱼虾通过食物链进入动物和人的体内，甲基汞被人的肠胃吸收，侵害脑部和身体其他器官。进入脑部的甲基汞会使脑萎缩，侵害神经细胞，破坏掌握身体平衡的小脑和知觉系统。

"水俣病"使日本政府和企业日后为此付出了极其昂贵的治理、治疗和赔偿的代价。迄今为止，因水俣病而提起的旷日持久的法庭诉讼仍然没有完结。

4. 美国墨西哥湾原油泄漏事件始末

墨西哥湾位于北美洲大陆东南沿海水域，部分为陆地环绕，透过佛罗里达半岛和古巴岛之间的佛罗里达海峡与大西洋相连，并经由犹加敦半岛和古巴之间的犹加敦海峡与加勒比海相通。其西北、北和东北面为美国南部海岸，西、南和东南面为墨西哥东部海岸。

位于墨西哥湾的美国南部路易斯安那州沿海一个石油钻井平台当地时间2010年4月20日晚10点左右起火爆炸，造成7人重伤、至少11人失踪，当局已派出船只和飞机在墨西哥湾展开搜索行动，希望能发现救生船或幸存者的踪迹。爆炸发生后，平台上126名工作人员大部分安全逃生，其中一些被爆炸和大火吓坏了的工人纷纷跳下30米高的钻塔逃生，另有一些人则选择了救生船。这一钻井平台建于2001年，由越洋钻探公司拥有，眼下与英国石油公司签有生产合同。

美国海岸警卫队2010年4月24日说，"深水地平线"钻井平台爆炸沉没约2天，海下受损油井开始漏油。这口油井位于海面下1525米处，海下探测器探查显示，钻井隔水导管和钻探管开始漏油，估计漏油量为每天1000桶左右。"我们认为这是一起严重的溢出事故。"海岸警卫队军官康尼·特雷尔说，

"我们正竭力协助清理浮油。"租用钻井平台的英国石油公司（BP）出动飞机和船只清理海面浮油，但因天气状况恶劣，清理工作受阻。

美国海岸警卫队2010年4月28日说，美国国家海洋和大气管理局估计，在墨西哥湾沉没的海上钻井平台"深水地平线"底部油井每天漏油大约5 000桶，5倍于先前估计数量。油井当天继续漏油，工程人员又发现一处漏油点。为避免浮油漂至美国海岸，美国救灾部门"圈油"焚烧，烧掉数千升原油。

海岸警卫队官员玛丽·兰德里2010年4月28日在一场新闻发布会上说，租用"深水地平线"的英国石油公司工程人员发现第三处漏油点。兰德里说："英国石油公司方面通报，在海底油井处又发现一处漏油点。"海岸警卫队和救灾部门提供的图表显示，浮油覆盖面积长160千米，最宽处72千米。从空中看，浮油稠密区像一只只触手，伸向海岸线。

为避免浮油漂至美国海岸，救灾人员着手试验烧油。救灾人员把数千升泄漏原油圈在栏栅内，移至距离海岸更远海域，以"可控方式"点燃。海岸警卫队发言人谢里·本·伊埃绍说，如果当天"烧油"效果良好，救灾人员可能实施更大规模"烧油"行动。

当地时间2010年4月28日下午前，浮油"触角"已伸至距路易斯安那州海岸37千米处的海域。美国国家海洋和大气管理局专家查理·亨利预计，浮油可能将于30日晚些时候漂至密西西比河三角洲地区。路易斯安那州州长博比·金德尔呼吁联邦政府提供更多援助。金德尔说，路易斯安那州一处沿海野生动物保护区或将首当其冲，受到浮油破坏。路易斯安那州、密西西比州、佛罗里达州和阿拉巴马州已在海岸附近设置数万米充气式栏栅，围成一道防线，防御浮油"进犯"。

堵漏作业仍在继续。英国石油公司先前尝试用水下机器人启动止漏闸门，未能成功。工程人员定于29日打一口减压井，以遏制原油泄漏，预计耗资上亿美元，工期长达数月。工程人员还考虑建造一个罩式装置，把浮油罩起来，而后用泵把浮油抽上轮船。

2010年5月29日，被认为能够在2010年8月以前控制墨西哥湾漏油局面的"灭顶法"宣告失败。墨西哥湾漏油事件进一步升级，人们对这场灾难的评估也越加悲观。"墨西哥湾原油泄漏事件已成为美国历史上最严重的生态灾难。"美国白宫能源和气候变化政策顾问卡萝尔·布劳纳在5月30日表示，如果现行所有封堵泄漏油井的方法都无法奏效，原油泄露可能一直持续到8月份

减压井修建完毕后才会停止。

"每天原油泄漏量可能将近 80 万加仑*，而且这一数字很可能接近 100 万。"据美联社消息，有科学家在考察墨西哥湾井喷情况后表示，墨西哥湾泄露的原油量至少比原先估计多两倍，最高多五倍。而据美国有线广播公司称，每天原油的泄露量达 1.2 万～2 万桶。

美国墨西哥湾原油泄漏事故 2010 年 6 月 23 日再次恶化：原本用来控制漏油点的水下装置因发生故障而被拆下修理，滚滚原油在被部分压制了数周后，重新喷涌而出，继续污染墨西哥湾广大海域。

补漏方式

泄漏的原油可以通过多种方法清除，但是这些方法并不能完全清除泄漏的原油。尽管如此，还是需要用尽所有办法最大限度地清除泄漏的原油。尽管 BP 公司已经连续尝试多种紧急补漏方式，但均以失败告终。

2010 年 5 月 7 日，BP 的工程师将一个重达 125 吨的大型钢筋水泥控油罩沉入海底，希望用它罩住漏油点，将原油疏导到海面的油轮。但由于泄漏点喷出的天然气遇到冷水形成甲烷结晶，堵住了控油罩顶部的开口，使得这一装置无法发挥作用。随后登场的"大礼帽"虽然比钢筋水泥罩小一号，可减少甲烷结晶的形成，但这个方法同样以失败收场。

2010 年 5 月 14 日，工程师将一根 10.16 厘米的吸油管插入发生泄漏的 53.34 厘米油管，3 天后，这根管道发挥了一定作用，共吸走了 2.2 万桶原油，将其输送到停泊在海面的一艘油轮里。不过这一数量只占漏油量的一小部分，为着手彻底的堵漏工程，这根吸油管随后被撤走。

2010 年 5 月 25 日，美国海岸警卫队批准 BP 采用"灭顶法"控制漏油。次日，几艘远程操控的潜水艇将 5 000 桶钻井液注入油井。工程师希望，在强大的压力下钻井液会进入油井的防喷器，直至油井底部。这将使得井内失去压力，停止漏油。如果能实现初步的堵漏，BP 还将向井内注入水泥，彻底堵住泄漏点。虽然最开始略有成效，但 BP 在 5 月 29 日宣布，由于石油和天然气喷出油井的压力太强，"灭顶法"彻底宣告失败。

遭遇了连续失败后，BP 拿出一个新的控漏计划——"盖帽法"，工程师将遥控深海机器人，将漏油处受损的油管剪断、盖上防堵装置，防堵装置与油管

---

* 加仑为非法定计量单位，1 加仑（英）≈4.546升，1 加仑（美）≈3.785升。——编者注

相连，以把漏出的石油和天然气吸至油管内，再将原油送至海面上的油轮。安装这项防堵装置需 4～7 天，如果成功可以抑制大部分漏油，但不是全部。此外，永久性解决漏油的最佳方法是钻减压井，工程人员分别于 5 月 2 日和 5 月 23 日开始钻两口减压井，每口井需耗资 1 亿美元，但是这种方式需要至少 2～3 个月才能见效。

封住漏油

2010 年 7 月 15 日，英国石油公司高级副总裁肯特·韦尔斯在新闻发布会上说，工程人员当天 14:00 左右关闭了新控油罩三个阀门中的最后一个，再没发现原油泄漏的迹象。他说："我很高兴，再没有原油流入墨西哥湾。事实上，我非常激动。"

英国石油公司是在对漏油油井进行"油井完整性测试"后宣布这一结果的。该公司于 10 日卸除了旧的控制漏油装置，换上了的控油罩。

泄漏清理

石油持续从海下流出。天然石油很容易跟海水融在一起，产生的黏稠混合物很难燃烧，甚至很难清理。这个季节的这片海域是非常脆弱的新生命的诞生地，海岸线上有大量很难清理的沼泽。

大风和海浪促使石油直接流向一些最敏感的海岸地区：路易斯安那州的沼泽地和周围各州。这里有三种类型的海滩：沙质海滩、岩石海滩和沼泽海滩。例如佛罗里达州的沙质海滩上的浮油最容易清除。

最难清除的是沼泽地上的浮油，这里是深水地平线泄漏的石油最先流向的地方。肯尼尔表示，沼泽非常脆弱，清理浮油的尝试会对它造成严重破坏。浮油一旦渗入，必须砍掉沼泽上的草才行。不过它还能渗透到土壤下面，在这种情况下很难清除石油。

吃石油的正常细菌必须有氧气才能产生作用，在沼泽地的土壤里，它们没有足够氧气进行这一过程。此时正值墨西哥湾一年一度的鱼类产卵和浮游生物繁盛期，也是这个脆弱的生态系统最易遭受破坏的阶段。飓风季 6 月即将到来，专家相信到时浮油面积会进一步扩大。尽管这听起来似乎与直觉不符，但是一场大风暴将有助于驱散和冲淡浮油。欧文顿说："飓风是一台天然真空吸尘器。"它经常会把一切清理干净。但是对于持续不断的石油泄漏事故来说，飓风起不到彻底清理的作用。

环境破坏

此次原油泄漏事故发生后，人们可以从电视画面上清楚地看到，墨西哥湾原本湛蓝的海水变得略显淡黄色。钻井平台或船舶泄漏的原油，都会在海水的动力作用下不断地向周围扩散。原油的成分非常复杂，一些常见的苯和甲苯等有毒有害物质在原油里面都有，因此对海洋生物的影响是最大的。

一方面是原油与海水混合后，改变了海水的理化参数，如海水的颜色、透明度等，这些都会改变海洋生物原有的栖息、生长环境；同时，富集的有毒有害物质会造成它们大规模的死亡或外迁。另一方面，大面积的油膜减少了太阳辐射投入海水的能量，阻隔了海气的相互作用，造成海水缺氧，直接影响海洋植物的光合作用和整个海洋生物食物链的循环，从而严重破坏了海洋环境中正常的生态平衡，造成鱼类、虾类等因缺氧而死亡。原油污染造成大量鱼类死亡的同时，对海鸟资源破坏之严重也难以估量。而且许多有害物质进入海洋后不易分解，经生物富集，最终影响生态平衡。

路易斯安那州州长 2010 年 5 月 26 日表示，该州超过 160 千米的海岸受到泄漏原油的污染，污染范围超过密西西比州和阿拉巴马州海岸线的总长。墨西哥湾沿岸生态环境正在遭遇"灭顶之灾"，相关专家指出，污染可能导致墨西哥湾沿岸 1 000 英里①长的湿地和海滩被毁，渔业受损，脆弱的物种灭绝。

"这个时间段尤其敏感，因为很多动物都在准备产卵。在墨西哥湾，大蓝鳍金枪鱼正在繁衍，它们的鱼卵和幼鱼漂浮在海面；海鸟正在筑巢。而对于产卵的海龟来说，海滩遭到破坏，其影响是致命的。"杜克大学海洋生物学家拉里·克罗德说，"一次重大的漏油事件将破坏整个生态系统和建立在其上的经济活动。"

南佛罗里达大学海洋学家维斯伯格更担忧的是，油污会被卷入墨西哥湾套流。因为一旦进入套流，油污扩散到佛罗里达海峡只需 1 周左右；再过 1 周，迈阿密海滩将见到油污。进入套流的原油会污染海龟国家公园，使当地的珊瑚礁死亡，接着大沼泽国家公园内的海豚、鲨鱼、涉禽和鳄鱼都将受害。

当泄漏的原油被冲上海岸带后，油污会污染洁净海滩，破坏景观，这对于那些以旅游业为支柱产业的国家来说，这无疑是致命的打击。

这起漏油事件导致大量石油泄漏，酿成一场经济和环境惨剧。是美国历史

---

① 英里为非法定计量单位，1 英里≈1.61 千米。

上"最严重的一次"漏油事故。

5. 历史上重大海上原油泄漏事故及其影响

"埃克森·瓦尔迪兹"号触礁事故

时间：1989 年 3 月 23 日

地点：阿拉斯加州的威廉王子峡湾

漏油量：3.5 万吨

1989 年 3 月 23 日，超级油轮"埃克森-瓦尔迪兹"号船长约瑟夫-哈泽尔伍德为打发时间，同时也是为了御寒，喝了一瓶烈酒。在酒精的作用下，哈泽尔伍德的指挥出现失误，这艘 304.8 米长的超级油轮偏离指定航道，在通过阿拉斯加州的威廉王子峡湾时，与水下礁石相撞，"埃克森-瓦尔迪兹"号船体裂开。超过 1 000 万加仑的重油流入威廉王子峡湾冰冷、清澈的海水，在刺骨的天气作用下，周围数英里的海岸漂浮着像沥青一样的黑色黏稠物。

对环境的影响："埃克森-瓦尔迪兹"号触礁漏油事故影响阿拉斯加州海域生态长达 20 年，事后焚化遇难海洋动物尸体，竟花费了半年时间，而且焚化后的油浸物质达 5 万吨之多。溢油散布约 1 300 千米长海岸线，同时杀灭了食物链基层的微生藻类及浮游生物。阿拉斯加地区一度繁盛的鲱鱼产业在 1993 年彻底崩溃；大马哈鱼种群数量始终保持在很低水平；在这一区域栖息的小型虎鲸群体濒临灭绝。大约 28 万只海鸟、2 800 只海獭、300 只斑海豹、250 只白头海雕以及 22 只虎鲸死亡。在当年发生事故的海滩上，土壤和海水里依然存在大量油污。此外，潜在的损害更进一步扩展到事件发生地的生态系统中，存活下来的生物在受到冲击后的数年中，受毒物的影响将遗传至数种生物的后代。

"托利卡尼翁"号事故

时间：1967 年

地点：英国康沃尔郡锡利群岛

漏油量：12.3 万吨

1967 年 3 月 18 日，利比里亚籍超级油轮"托利卡尼翁"号触礁失事，它标志着现代极其严重的原油泄漏事故的开始。"托利卡尼翁"号油轮在英国康沃尔郡锡利群岛附近海域搁浅以后，泄漏了 12.3 万吨的原油，最后断为两截，沉入海底。事后调查发现，船长为了尽快到达目的地，擅自改变航道，酿成苦果。在决定将海面的浮油燃烧掉以后，首相哈罗德·威尔逊下令英国皇家空军将凝固汽油弹空投至事发水域。

对环境的影响：向事发水域总共投放了 19 万千克炸弹。一万多吨有毒溶剂和清洁剂被冲上受原油污染的英国和法国海岸附近沙滩，又对陆地和海上野生动物造成长期不利影响。

"奥德赛"号事故

时间：1988 年

地点：加拿大东部新斯科舍省附近的北大西洋海域。

漏油量：13.2 万吨

加拿大东部新斯科舍省附近的北大西洋海域向来不是一个平静的地方，尤其到了晚秋。1988 年 11 月，美国籍油轮"奥德赛"号就在那里遭遇一起灾难性事故。当"奥德赛"号距离新斯科舍省 1 127 千米的时候，突然发生爆炸，船身断裂变成两截，火舌迅速吞没了船上 13.2 万吨的原油。大西洋恶劣的天气条件令加拿大海岸警卫队无法到达"奥德赛"号，等到他们最终赶到时，大部分原油已经烧掉。

对环境影响：回顾这起事故，原油燃烧或许是件幸事——在接下来的几周里，泄漏的原油没有被冲到新斯科舍省附近海岸。但仍有少部分原油会滞留在海面，加之燃烧过程，影响也还是存在。

"M/T 天堂"号事故

时间：1991 年

地点：意大利热那亚港口的地中海

漏油量：14.5 万吨

"M/T 天堂"号以前名为"阿莫戈·米尔福德·天堂"号，是超级油轮"阿莫戈·卡迪兹"号的姐妹船。这艘 23.369 吨级的油轮被列为超级油轮的范围，爆炸发生时载有 100 万桶原油。爆炸使"M/T 天堂"号迅速解体，6 名船员遇难，14.5 万吨重油泄漏到意大利热那亚港口的地中海。爆炸还点着了海面上的原油，约 70% 在随后的大火中被烧掉。"M/T 天堂"号三天后才沉入大海，而阳光明媚的意大利和法国两国海岸花了十多年时间才恢复了当地优美的环境。

对环境的影响：部分泄漏的原油沉入 488 米深的海底，可能会在那里存在数十年甚至数百年。

"阿莫戈·卡迪兹"号事故

时间：1978 年 3 月 16 日

地点：法国布列塔尼海岸

漏油量：22.3 万吨

"M/T 天堂"号的姐妹船"阿莫戈·卡迪兹"号撞上了法国布列塔尼海岸附近的波特萨尔岩礁。当时，"阿莫戈·卡迪兹"号满载 160.45 万桶原油，因方向舵被一个巨浪损坏导致失控，撞上 27.4 米深的岩礁，使得这艘油轮断为两截，迅速沉入海底，船上的原油全部泄漏到海里。

对环境的影响：泄漏到海里的 160.45 万桶原油，在盛行风和潮水的联合作用下，漂到 322 千米以外的法国海岸线，野生动物因此遭遇重创，共计有 2 万只海鸟、9 000 吨重的牡蛎以及数百万像海星和海胆这样栖息于海底的动物死亡。

"贝利韦尔城堡"号事故

时间：1983 年

地点：南非水域

漏油量：25.2 万吨

1983 年，"贝利韦尔城堡"号油轮遭遇了像"奥德塞"号一样的状况，事发地区的风向和气候条件令泄漏的原油远离海滩和海岸线。与"奥德塞"号一样，"贝利韦尔城堡"号油轮因失控的大火导致爆炸，不过与前者不同的是，事发时，它距离南非开普敦海水浴场只有 38.6 千米。

对环境的影响：除了对开普敦附近几个地区的环境造成有限的破坏以外，泄漏的绝大部分原油迅速消散（近岸风、好望角周围危险水域频繁的巨浪活动和快速的水流等因素）。此外，当局将"贝利韦尔城堡"号船首部分拖入深海，使用炸药炸沉，也对抑制事故对生态造成的破坏起到了一定的作用。

埃科菲斯克油田井喷事故

时间：1977 年

地点：挪威和英国之间的北海

漏油量：26.3 万吨

1977 前，位于挪威和英国之间的北海曾发生过一起原油泄漏事故，不失为"深水地平线"钻井平台灾难的可怕序曲。在挪威埃科菲斯克油田，菲利普斯石油公司的 B-14 号油井发生井喷，8 天时间内共有 8 100 万加仑的原油泄漏到大海中，直至 B-14 号油井被完全扑灭。井喷事故并没有破坏钻井平台，但炽热的原油、泥浆和海水混合物喷射到 55 米的高处。

对环境的影响：这起原油泄漏事故虽没有造成重大生态灾难，但其间接影响还是存在的。

"ABT 夏日"号事故

时间：1991 年 5 月
地点：安哥拉海岸以西 900 英里南大西洋水域
漏油量：26 万吨

伊朗籍油轮"ABT 夏日"号在距安哥拉海岸以西约 1 448 千米的南大西洋水域沉没。1991 年 5 月初，"ABT 夏日"号在伊朗哈尔克岛装上了 26 万吨的重油，最终目的地是经由好望角，抵达荷兰港口城市鹿特丹。在"ABT 夏日"号绕行到非洲南端，开始向非洲的大西洋海岸进发时，货舱发生泄漏，并迅速引发火灾。5 月 28 日，火灾引发了大爆炸，"ABT 夏日"号被摧毁，船上的 32 名船员有 5 人死亡。到 6 月 1 日，海面浮漂的原油大部分已经燃烧掉，"ABT 夏日"号残骸也沉入海底。随后寻找沉船的努力至今没有任何成果。

对环境的影响：海面浮漂的原油虽大部分已经燃烧掉，但"ABT 夏日"号残骸已沉入海底，对海地的生态环境也会带来一定的影响。

瑙鲁兹海上油田事故

时间：1983 年 2 月 10 日
地点：伊朗瑙鲁兹
漏油量：26 万吨

伊朗瑙鲁兹海上油田在两伊战争中多次经历战火，虽未造成人员伤亡，但却泄漏了大量原油。1983 年，瑙鲁兹油田的运气尤其的糟糕：2 月 10 日，一艘油轮与钻井平台相撞，造成油井以每天 1 500 桶的速度漏油。在接下来的一个月，发生事故的钻井平台又遭到伊拉克直升机的袭击，引发火灾。该地区受两伊战争影响，原油泄漏与火灾持续了近两年，直至 1985 年 5 月才被扑灭，共造成 73.3 万桶（相当于 10 万吨）的原油泄漏，20 名工人在试图扑灭燃烧的油井时遇难。

对环境的影响：这几起事故共造成璐鲁兹油田约 26 万吨的原油泄漏，其影响可想而知。

"大西洋女皇"号事故

时间：1979 年 7 月 19 日

地点：多巴哥岛附近的加勒比海水域

漏油量：28.7 万吨

1979 年 7 月 19 日，多巴哥岛附近的加勒比海水域遭受强热带风暴袭击。有两艘船被困在风暴中——满载原油的超级油轮"大西洋女皇"号和"爱琴海船长"号。更为不幸的是，"大西洋女皇"号和"爱琴海船长"号发生碰撞导致大爆炸，发生了迄今历史上最严重的油轮漏油事故，约 220 万桶原油外泄到多巴哥岛附近海水中，其中只有一部分燃烧掉落。

"伊克斯托克-Ⅰ"油井事故

时间：1979 年 6 月 3 日

地点：墨西哥湾

漏油量：45.4 万吨

这起严重的原油泄漏事故始于 1979 年 6 月 3 日，当时，墨西哥湾的"伊克斯托克-Ⅰ"油井发生爆炸，向墨西哥卡门城附近的坎佩切湾泄漏了大量原油。当局一开始对控制事态的发展很有信心，在第一次井喷以后不久，钻井平台即着火倒塌。原油继续从"伊克斯托克-Ⅰ"向外流至墨西哥湾，一直到 1980 年 3 月油井才被封住，共漏出原油 1.4 亿加仑。

对环境的影响：海底油井井喷期间及事故发生后对周围生态环境造成了严重冲击，原油泄漏持续了九个多月的时间，污染了美国得克萨斯州的南帕德拉岛。

6. 搬座冰山解干渴

水是人类的血液，是生命之源。我们不敢想象，一旦球上没有了水该是何等状况：江河会断流，海洋会消失；遍地荒凉，黄沙肆虐；飞禽走兽，销声匿迹……这并不是骇人听闻，也并非杞人忧天，事实不断地告诫我们，人类赖以生存的水资源正在面临匮乏的考验。

无论你是否感受到，地球早已发出警报，人类正越来越干渴。根据联合国统计，20 世纪初以来全球淡水消耗量增加了 6～7 倍，比人口增长速度高 2 倍，全球目前有 14 亿人缺乏安全清洁的饮用水，其中约 3 亿人生活在极度缺水状态中。估计到 2025 年，全世界将有近 1/3 的人口缺水，波及国家和地区达 40 多个。在淡水资源越来越紧缺的今天，一些研究人员把目光投向了极地，他们试图把极地海洋中的冰山拖回来，变成可以缓解干渴的淡水。

冰川蕴藏大量淡水

虽然极地很少能看见河流，但却有储量丰富的淡水。这些淡水基本上是以固态形式封存起来的，那就是十分壮观的冰川。冰川水虽然来自海洋，但是由于极地寒冷，海水蒸发出来的水汽很快就冷冻在冰川上。海水蒸发时，只有纯净的水汽蒸发出来，海水中的盐分不会随之蒸发，因此，极地可以算是一个天然的海水淡化基地。

地球水资源总量为 14 亿千米^3，但淡水储量仅占全球总水量的 2.53%，而且其中的 68.7% 又属于固体冰川，主要分布在极地地区。因此，一些研究人员认为随着淡水危机的加剧，人类开发极地冰川是早晚的事情。要利用极地冰川，最方便的是利用那些从冰川上崩塌并脱落到海面上的冰山，这些冰山十分巨大，大的重达几千万吨，常见的冰山为几百万吨。据计算，一座 3 000 万吨重的冰山可以为 50 万人提供一年的淡水。

初步计划最终搁浅

早在 20 世纪 70 年代初，法国工程师乔治·莫林就提出了从极地用拖船运冰山到沙漠的大胆想法。从理论上来讲，拖冰山是可行的，虽然冰山质量很大，体积也很大，但是冰山密度只比水小一些，因此冰山大部分都是在海面下，露在海上部分很少。这种现象使得冰川受海水浮力很大，比较容易拖动。

为了把极地冰川运到沙漠地区，莫林还设计了一个隔热罩，用以包住冰川露在海面上的部分，以防止冰山在拖移过程中过快融化。虽然这个设想从理论上来说比较简单，起初也得到了沙特王子的大力支持，但根据当时的技术水平，要实施这项计划需要制造十分巨大而且简直难以完成的拖船，还要面对历时数月跨越大洋的风险。虽然莫林设计了隔热罩，但专家认为等冰山从极地运到非洲将所剩无几。由于实施起来难度较大且风险高，该计划最终搁浅。

电脑模拟验证设想

30 多年后，事情有了转机。2011 年 4 月，法国达索系统软件公司从文献资料中发现了莫林的设想，并对其可行性进行了电脑验证。最初几次电脑模拟都没有成功，分析结果显示，海中漩涡可能会困住拖船，并发生危险。最近，研究人员将拖运冰山的起程日期从 5 月改到 6 月后，电脑模拟终获成功。

根据达索系统软件公司的电脑模拟，一艘巨型拖船可用 141 天把一座重达 700 万吨的冰山，从加拿大纽芬兰运到非洲西海岸的加那利群岛，只有 38% 的冰山会融掉，还剩下 434 万吨，可以为一座大约 7 万人的小镇提供一年所需的淡水。整个项目需花费 600 万英镑。按照电脑模拟的理想状况，这种获得淡水的成本还是比较高，到达目的地后每吨淡水成本约为 1.38 英镑，大大高于目前自来水的价格，甚至高过海水淡化的价格。况且，实际所需的成本可能高于电脑模拟出来的成本。

尽管电脑模拟拖运冰山的成本较高，但毕竟确认了运冰山的可行性，这大大激励了莫林。现年 86 岁的莫林虽然不再年轻，但他仍高调宣布将在明年尝试拖运冰山。他打算从南极洲拖一小块冰山至澳大利亚，并希望为该项目募集 200 万英镑的投资。

各界争论利弊

不少人支持莫林的设想，他们认为人类未来解决淡水危机的希望就是在极地的冰川中。虽然海水淡化也可以解决淡水危机，但是海水淡化是一个人工过程，目前存在着难以忽视的环境问题，那就是淡化之后排放出来的浓盐水对附近海域的污染问题。而冰山是天然的，不存在环境污染问题。每年都会有数以万计的巨大冰山从冰川上分离出来，不需要去炸裂冰川，光是拖运那些天然漂浮在海洋上的冰山就足够了。随着全球气候变暖，人们担心冰川的融化会令海平面上升而淹没一些国家，据报道，国外科学家对海上浮冰的融化速度进行的研究结果显示，海上浮冰的不断融化，使得海平面在每年以 49 微米的速度上升，等同于一根头发丝的宽度。如果海上浮冰的融化速度不变，200 年后海平面将会上升 1 厘米左右。据此推测，海洋上的浮冰全部融化，海平面仅仅会上升 4 厘米。这 4 厘米也许对于海洋来说，仅是微小的变化，但是，如果算上冰山，全部融化后，海平面将上升约 70 米。因此对冰山的利用可以减缓海平面的上升速度，从这个角度来说，拖运冰山对环境是有利的。

　　然而，反对者表示，拖运冰山很可能导致一些环境危机，因为拖运冰山的热潮一旦出现，会对极地冰川造成破坏。把冰山从极地拖运到干旱地区，势必改变全球水汽的分布情况，对气候的长远影响可能是负面的。另外，一些海洋生物会聚集在冰山周围，形成一个小的生态系统，拖运冰山会改变极地附近海域的生态，甚至可能造成一些特殊物种的灭绝。无论怎么说，实施人为改变大自然的计划还是应该谨慎一些。

 # 十二、海洋环境的保护

海洋环境是海洋生物生存和发展的基本条件，海洋环境的任何改变都有可能导致生态系统和生物资源的变化。海水的有机统一性及其流动交换等物理、化学、生物、地质的有机联系，使海洋的整体性和组成要素之间密切相关，任何海域某一要素的变化（包括自然的和人为的），都不可能仅仅局限在产生的具体地点上，都有可能对邻近海域或者其他要素产生直接或者间接的影响。生物依赖于环境，环境影响生物的生存和繁衍。当外界环境变化量超过生物群落的忍受限度，就会直接影响生态系统的良性循环，从而造成生态系统的破坏。海洋生物多样性的减少，是人类生存条件和生存环境恶化的一个信号，这一趋势目前还在加速发展的过程中，其影响固然直接危及当代人的利益，但更为主要的是对后代人未来持续发展的积累性后果。因此，只有加强海洋生态环境的保护，才能真正实现海洋资源的可持续利用。

（一）海洋环境标准及检测

海洋环境（质量）标准是确定和衡量海洋环境好坏的一种尺度，它具有法律的约束力，一般分为三类，即海水水质标准、海洋沉积物标准和海洋生物体残毒标准。

制定标准时通常要经过两个过程。首先，要确定海洋环境质量的"基准"，经过调查研究，掌握环境要素的基本情况，一定阶段内海水、沉积物中污染物的种类、浓度和生物体中各种污染物的残留量；考察不同环境条件下，各种浓度的污染物的影响，并选取适当的环境指标，在此基础上，才能确定基准。其次，"标准"的确定要考虑适用海区的自净能力或环境容量以及该地区社会、经济的承受能力。

海洋污染监测包括水质监测、底质监测、大气监测和生物监测等，都可分为沿岸近海监测和远洋监测。前者因海域污染较重且复杂多变，设立的监测站密，各站项目齐全且每月至少监测一次；后者主要测定那些扩散范围广和因海上倾废和因事故泄入海洋的污染物质，通常设站较稀，监测次数较少。此外，还有利用生物个体、种群或群落对污染物的反应以判断海洋环境污染情况的。

（二）防止海洋污染的对策及措施

作为一切污染的"垃圾桶"——海洋，由于污染源广，污染物持续性强，扩散范围大，因此，我们必须予以认真研究并加以防治。

1. 对海洋污染问题的对策建议

（1）加强执法力度　真正做到"执法必严，违法必究"，加强对政府环保职能部门的执法监督，克服地方保护主义，要求地方各级政府必须将环保工作提到议事日程上来。

（2）加强对船舶及钻井、采油平台的防污管理　首先应对船舶及钻井、采油平台所有人的管理者进行防污教育，增强其防污意识，提高除污救灾技能。作业者应严格遵守国家的法律法规，确保污水处理设备始终处于良好工作状态，严把除污化学试剂的质量关，严禁使用有毒的化学试剂除污。

（3）各地渔政部门、港监防污部门应全面了解本辖区内的水域污染状况　对污染源、地理环境、水文状况、生物资源状况等了解清楚，根据所了解的情况作出防污规划，当好政府的参谋，一旦发生污染事故可根据所了解的情况以最快的速度制订出最好的减灾方案。

（4）防止、减轻和控制海上养殖污染　我国海水养殖主要位于水交换能力较差的浅海滩涂和内湾水域，养殖自身污染已引起局部水域环境恶化。今后，应建立海上养殖区环境管理制度和标准，编制海域养殖区域规划，合理控制海域养殖密度和面积，建立各种清洁养殖模式，控制养殖业药物投放，通过实施各种养殖水域的生态修复工程和示范，改善被污染和正在被污染的水产养殖环境，减轻或控制海域养殖业引起的海域环境污染。

（5）防止和控制海上倾废污染　严格管理和控制向海洋倾倒废弃物，禁止向海上倾倒放射性废物和有害物质。制订海上船舶溢油和有毒化学品泄漏应急计划，制订港口环境污染事故应急计划，建立应急响应系统，防止、减少突发性污染事故发生。政府部门要加大对重污染企业的打击力度，加强宣传科学的企业发展观，为推进海洋健康发展打下基础。

（6）国家应积极引导地方政府、居民、企业和民间组织等社会各界力量积极参与和改变修复海洋环境，为我国海洋健康、和谐发展提供良好的社会环境。在治理中鼓励大家在自家周围和工厂区种植植物，扩大绿化面积，保持良好的水土环境，建立人造海滩、人造海岸、人造海洋植物生长带，改善海洋生物的生存环境。

2. 防止海洋污染的相关措施

我国高度重视海洋环境污染的防治工作，采取一切措施防止、减轻和控制陆上活动和海上活动对海洋环境的污染损害，努力改善海域生态环境。所采取的措施包括：①海洋开发与环境保护协调发展，立足于对污染源的治理；②对海洋环境深入开展科学研究；③健全环境保护法制，加强监测监视和管理；④建立海上消除污染的组织；⑤宣传教育；⑥加强国际合作，共同保护海洋环境。

其中，对污染源的治理措施是比较具体的。

（1）工业污染　①通过调整产业结构和产品结构，转变经济增长方式，发展循环经济；②采用高新技术改造传统产业，减少工业废物的产量，增加工业废物资源再利用率；③按照"谁污染，谁负担"的原则，彻底杜绝未经处理的工业废水直接排海；④加强沿海企业环境监督管理，严格执行环境影响评价制度；⑤实行污染物排放总量控制和排污许可制度，做到污染物排放总量有计划地稳定削减。

（2）城市污染　①面对沿海城市发展迅速，对沿岸海域环境压力加剧的现状，重点调整不合理的城镇规划；②加强城镇绿化和防护林建设，保护滨海湿地；③加快城镇污水的收集和处理能力。

（3）农业污染　①积极发展生态农业，控制土壤侵蚀，综合应用减少化肥、农药径流的技术体系；②严格控制环境敏感海域的陆地汇水区畜禽养殖密度、规模，规范畜禽养殖场管理，有效处理养殖场污染物，严格执行废物排放标准。

（4）船舶污染　①在渤海海域，启动船舶油类物质污染物"零排放"计划，加强渔港、渔船的污染防治；②建立大型港口废水、废油、废渣回收与处理系统；③制订海上船舶溢油和有毒化学品泄漏应急计划，建立应急响应系统，防止、减少突发性污染事故发生。

（5）养殖污染　①建立海上养殖区环境管理制度和标准，合理控制海域养殖密度和面积；②建立各种清洁养殖模式，控制养殖业药物投放；③实施各种养殖水域的生态修复工程和示范，改善被污染和正在被污染的水产养殖环境。

（6）油类污染及生活垃圾污染　①在钻井、采油、作业平台应配备油污水、生活污水处理设施，使之全部达标排放；②海洋石油勘探开发应制订溢油应急方案；③严格管理和控制向海洋倾倒废弃物、生活垃圾、放射性废物和有害物质等。

我国经过不懈的努力，在保护海洋环境免受陆源污染方面取得了一定的成效。但是，我国政府也清醒地认识到，中国沿海地区快速的经济发展已经给海岸带和海洋造成了巨大的环境压力，部分海域环境污染相当严重。中国将继续认真贯彻执行环境保护基本国策，实施可持续发展战略，加强陆源污染防治以及海岸带生态环境建设，走沿海地区经济发展和海洋环境保护相协调的可持续发展之路。

十三、海洋自然保护区

海洋自然保护区是国家为保护海洋环境和海洋资源而划出界线加以特殊保护的具有代表性的自然地带，是保护海洋生物多样性，防止海洋生态环境恶化的措施之一。20 世纪 70 年代初，美国率先建立国家级海洋自然保护区，并颁布《海洋自然保护区法》，使建立海洋自然保护区的行动法制化。中国自 20 世纪 80 年代末开始海洋自然保护区的选划，5 年之内建立起 7 个国家级海洋自然保护区。世界上最大的海洋自然保护区是澳大利亚的大堡礁自然保护区。

中国海域纵跨 3 个温度带（暖温带、亚热带和热带），具有海岸滩涂生态系统和河口、湿地、海岛、红树林、珊瑚礁、上升流及大洋等各种生态系统。中国海洋生物物种、生态类型和群落结构表现为丰富的多样性特性。

加强海洋自然保护区建设是保护海洋生物多样性和防止海洋生态环境全面恶化的最有效途径之一。海洋和海岸保护区通过控制干扰和物理破坏活动，有助于维持生态系的生产力，保护重要的生态过程。海洋保护区的主要作用是保护遗传资源，为了海洋物种和生态系能够持续利用，必须既保护生态过程，又保护遗传资源。

国务委员宋健 1988 年 6 月 28 日在给国家海洋局严宏谟局长的信中指出，"建议海洋局的同志研究一下中国 18 000 千米海岸线上有否必要建立几个保护区"，"海洋必须开发。但是，如果一点原始资源都不保护，结果可能全部破坏，后代就什么大自然也看不到了。"

1988 年 7 月，中国确立了综合管理与分类型管理相结合的新的自然保护区管理体制。规定"林业部、农业部、地矿部、水利部、国家海洋局负责管理

各有关类型的自然保护区";11月，国务院又确定了国家海洋局选划和管理海洋自然保护区的职责。1989年初，沿海地方海洋管理部门及有关单位，在国家海洋局的统一组织下，进行调研、选点和建区论证工作，选划了昌黎黄金海岸、山口红树林生态、大洲岛海洋生态、三亚珊瑚礁、南麂列岛五处海洋自然保护区，1990年9月被国务院批准为国家级海洋自然保护区。1991年10月国务院又批准了天津古海岸与湿地、福建晋江深沪湾古森林两个海洋自然保护区。在这期间，一批地方级海洋自然保护区相继由地方海洋管理部门完成选划并经国家海洋局和地方政府批准建立。

现国家级海洋自然保护区有：蛇岛—老铁山自然保护区、鸭绿江口滨海湿地自然保护区、昌黎黄金海岸自然保护区、江苏盐城国家级珍禽自然保护区、南麂列岛海洋自然保护区、北深沪湾海底古森林遗迹自然保护区、惠东港口海龟自然保护区、珠江口中华白海豚保护区、内伶仃福田自然保护区、广东湛江红树林自然保护区、山口红树林生态自然保护区、北仑河口红树林自然保护区、合浦儒艮自然保护区、东寨港红树林保护区、大洲岛海洋生态自然保护区、三亚珊瑚礁自然保护区、天津古海岸与湿地自然保护区、黄河三角洲、厦门文昌鱼自然保护区、辽宁双台河口国家级自然保护区等。

十四、人工鱼礁

　　人工鱼礁建设是一项海洋生态环境的修复工程。投放人工鱼礁，可以缓解底拖网渔船对海底的破坏，防止海底出现"荒漠化"。开展人工鱼礁建设，不仅有利于优化渔业生产作业结构的开展，而且有利于海洋牧场的建设和发展海洋旅游。人工鱼礁建成后，可以实现人工鱼礁和海洋牧场建设与发展的良性循环。

　　人工鱼礁是修复和优化增养殖海域生态环境、诱集各种水生生物的设施。通过适当制作和投放，用来增殖和吸引各类海洋生物，达到改善水域生态环境和恢复海洋生物资源的目的。作为专门增殖藻类的人工藻礁利用了海藻和海草类的附着生长机制，为海藻和海草提供生长和繁殖基底，从而达到增殖海藻的目的。同时，藻类在生长过程中，能够通过光合作用吸收水中的氮、磷，合成自身的有机物质，并释放出氧气。可降低水体的氮、磷浓度，净化水域环境，有效预防和治理水域的富营养化，改善水域生态环境。

　　世界渔业发达国家利用人工鱼礁恢复和改善水域生态环境，已积累了许多经验。20世纪60年代起，国内外学者曾围绕人工鱼礁功能、特性等开展了相关基础和应用技术研究，并取得了一定成果，其中与人工鱼礁的物理环境功能造成、抗滑移抗倾覆、生态诱集、生物附着、礁体（群）配置和效果评估等技术相关的研究均有报道。这些成果在一定程度上对人工鱼礁事业的发展起到了积极的推动作用。

　　日本对人工鱼（藻）礁的研究历史较长，并处于世界领先地位。早在20世纪50年代，日本就开始进行人工鱼礁的研究，1977年提出海洋牧场的构想，并作为国家事业计划，每年进行大规模人工鱼礁和藻礁建设。至今，日本沿海遍布 7 000 多处不同类型的人工礁群，形成了较大规模的人工礁渔场和藻场，为海洋生物提供了良好的生息场所，有效地保护了资源，取得了明显的生态效益和经济效益。

美国也是较早发展人工鱼礁的国家之一。其人工鱼礁建设多是在各州内独立进行的，因美国受资源与环境的压力不大，因此建设人工鱼礁多是以商业利润为目的，因而建设的积极性高，同时也注重科研。南卡来罗纳州是在 1973 年开始投建人工鱼礁的，其目的是为了增加海水渔业产量以及发展休闲垂钓业，同时也是为了满足越来越庞大的近海潜水爱好者的需求。州立海洋人工鱼礁项目组在其沿海选了 38 个地址来投放人工鱼礁，投放范围覆盖了 9～110 英尺①、从近岸到离岸 35 英里②的海域；1984 年，为了给鱼类、贝类、甲壳类提供一个硬底质进而增加产量，同时创建新的渔场以提供更多的水下潜水观光景点，在州立海洋渔业部门的规划下，新泽西州开展了人工鱼礁建设，投放的鱼礁主要是废旧的船只、钢铁残片和混凝土块等，共建立了 15 处人工鱼礁，覆盖海域面积达 25 英里²。北卡来罗纳州拥有美国最多的人工鱼礁群，1987 年，政府规划了 66 处人工鱼礁投放点，其中 42 个海洋人工鱼礁投放点中有 35 处已经有投放鱼礁的记录，另外的 24 处布设在河口处，这其中也有 9 处已经建立或者正在建立人工鱼礁。

欧洲最早的鱼礁是 20 世纪 60 年代摩纳哥用于自然保护而投建的，随后，欧盟的 8 个国家（芬兰、法国、希腊、意大利、葡萄牙、西班牙、荷兰和英国）也开始进行人工鱼礁建设。欧盟之外的挪威进行了人工鱼礁建设，一些用于科研试验的礁体在海域投放。此外，还有很多关于人工鱼礁的报道，如波兰在波罗的海投放了一些试验礁体；土耳其也有关于建设海洋鱼礁的项目；罗马尼亚和乌克兰在黑海投放试验礁体用来研究生物过滤作用。以色列早在 20 世纪 80 年代就开始了人工鱼礁地投放，在地中海投放了大量轮胎组合礁，而后又在红海投放大量自行设计的鱼礁；芬兰和俄罗斯共同在波罗的海开发投礁，同时俄罗斯还在里海投放了人工鱼礁；马耳他为了发展潜水观光业，在其海域投放了废旧船只制作的鱼礁。

另外，受自然环境变迁以及人类活动的影响，世界范围内几乎所有的海草

---

① 英尺为非法定计量单位，1 英尺≈0.305 米。
② 英里为非法定计量单位，1 英里≈1.61 千米。

场处于不断衰退中。鉴于海草场在沿岸生态系统中的重要性，很多国家都开展了海草场的研究工作，对海草的分布、种类、生物量、生物多样性等各个方面进行了监测，并对其生理、生长、繁殖等进行了研究。近年来很多国家和地区还建立了全球性海草监测网络，一些发达国家还将海草场的保护列入国家的法律条文之中。同世界其他国家一样，我国几乎所有近岸海草场也处于不断衰退中，然而，我国关于海草场的研究还非常薄弱。因此，开展适合我国海域特点的海草场生态系统修复技术研究，是改善近海生态环境，恢复、重建生物栖息地的重要手段，也是急需解决的关键问题。

我国人工鱼礁建设最早是在台湾省。1974 年，为了稳定渔业发展，台湾开始了人工鱼礁建设。到 1999 年，设置的人工鱼礁区已上升到 75 处，投放人工鱼礁 166 372 个，总投资折合新台币 13 亿元，其礁区布点范围遍及台湾岛的四周和澎湖列岛、东沙群岛等处。我国大陆人工鱼礁建设始于 1979 年，广西钦州地区防城县设计制造了 26 个高 2.2 米，重 500 千克的钢筋混凝土礁，投放于该县珍珠港外的白苏岩附近水深 20 米处，1980—1983 年，投放地点也从防城逐步扩展到北海、合浦、钦州等地沿海，共投放各类型鱼礁 1 628 个单体，总体积为 28 287 米^3。但由于经费不足，20 世纪 90 年代投礁工作停止。1981 年起，中国水产科学研究院黄海水产研究所和南海水产研究所先后在山东省胶南、蓬莱和广东省大亚湾（投放悬浮式人工鱼礁）、电白、南澳沿海投放了人工鱼礁，并进行了相关的试验研究工作。1983 年 12 月起，中央主要领导人先后 3 次批示在沿海扩大投放人工鱼礁，1984 年人工鱼礁被纳入国家经济贸易委员会开发项目，成立了全国人工鱼礁技术协作组，组织全国水产专家指导各地人工鱼礁试验。此后，广东（含海南岛）、辽宁、山东、浙江、福建、广西等省区都进一步扩大人工鱼礁的试验和建设规模。1981—1985 年，广东省水产局在南澳、惠阳、深圳、电白、湛江、三亚等县市进行了试点工作，投放人工鱼礁 4 343 个，1.6 万米^3，并开展了多项研究课题。20 世纪 80 年代，我国在沿海部分省、市建立了 24 个人工鱼礁试验点，共投放了 28 700 多个人工鱼礁，投放礁体 8.9 万米^3，其试验研究的成果也为我国今后重新启动人工鱼礁建设提供了宝贵的经验和借鉴。

近年来，人工鱼礁建设作为养护和恢复近海渔业资源、改善修复生态环境的重要举措，已成为人们的共识。山东、辽宁、广东、浙江等省的人工鱼礁建设已形成一定规模，并逐步形成资源保护型、资源增殖型和休闲娱乐型等各具特色的建设模式。2005—2007 年，仅山东省共投放人工鱼礁超过 100 万米^3。

20世纪80年代，我国学者也对不同结构的模型礁对鱼类的诱集效果进行了比较，用拖网、刺网等渔具对鱼礁区的游泳生物聚集效果进行调查。吴静等研究了牙鲆对不同结构模型礁的行为反应，何大仁研究了鱼礁模型对黑鲷和赤点石斑鱼的诱集效果等。近年，国家"十一五""863计划"项目启动了"人工鱼礁生态增殖及海域生态调控技术"的研究，在我国南海、东海以及黄海各建立一个人工鱼礁生态调控区。与此同时，部分省市也立项开展人工鱼礁建设的相关研究。

⚓ 十五、增殖放流

　　渔业资源增殖放流是指对野生鱼、虾、蟹、贝类等进行人工繁殖、养殖或捕捞天然苗种在人工条件下培育后，释放到渔业资源出现衰退的天然水域中，使其自然群体得以恢复。关于近海生物资源增殖和移植保护在世界上有诸多成功的先例。日本是渔业资源增殖的先驱，早在1961年，就在全国范围内有组织地进行了有关水产增殖的试验研究，同时建立了濑户内海栽培渔业中心，开始承担苗种生产、放流技术的开发。1979年以来，日本在各海区、各县设立了国家的栽培渔业中心，在全国范围内分别就各区域重要增殖品种进行人工育苗和放流技术开发，尤其是鲑鳟鱼类、日本对虾、梭子蟹、牙鲆、真鲷、黑鲷和扇贝的增殖放流取得了显著成效。

　　近年来，由于近海以及江河地区污染物的大量排放、一些水上工程的建设、大面积的围湖围海造田以及渔业捕捞强度的有增无减，使得近海和内陆一些水域的渔业资源严重衰退，许多天然水域经济鱼类数量锐减，各类水生野生动物的栖息环境遭到破坏，濒危程度不断加重。调查研究表明，单纯依靠渔业资源自身的恢复已经不能修复受损的渔业资源，增殖放流与投放人工鱼礁、建立保护区等人为力量的介入，成为生态环境和渔业资源修复和增加的有效手段，特别是渔业资源增殖放流工作，已经在世界范围内得到应用和推广。为了保护自然资源的生物多样性，维护生态平衡，修复产卵场生境，许多国家针对资源增殖放流工作进行了系统研究和规范化管理。首先立法对放流苗种进行严格的遗传分析与管理，并通过增加育苗亲体的天然种群数量和改善人工苗种质量，提高放流苗种的遗传多样性和成活率；同时在充分把握海域环境条件和环

境容量的基础上，选择适宜种类进行适量放流。

近40年来，前苏联、日本、美国和加拿大等国先后进行了长距离洄游性鲑鳟鱼类的种苗放流，放流数量每年高达30余亿尾，人工放流群体在捕捞群体中所占的比例逐年增加。近年来，这些国家在重点开展增殖放流方法、环境和经济效果评价技术研究的同时，针对环境容纳量、最大允许放流量、放流种群在生态系统中的作用以及增殖放流对土著资源栖息地的潜在影响、生态入侵可能造成的危害等方面开展了大量研究。确立了在放流技术、标记技术（包括挂牌标志、荧光标记、金属线码标记、分离式卫星标志和生物标志等）、追踪监测技术以及回捕评估技术等研究领域的领先地位。同时，这些国家的资源增殖修复工作往往与资源增殖放流、鱼类行为控制、回捕技术开发、人工鱼礁建设、渔场生产管理等紧密结合，实现了监测与评估同步、修复手段多元、管理手段先进的资源修复模式，沿岸渔业正逐步向海洋牧场化转变。

增殖放流除了可以达到恢复和增加渔业资源的目的之外，还可以研究放流种类的生活史（如年龄、生长、洄游、死亡率、栖息地等）、种群动态和数量分布，也是渔业资源评估管理的重要工具（通过标志研究渔业资源时空分布）。为了检验增殖放流活动的效果，1886年国外学者通过标志方法估算封闭水体中鱼类群体的大小和死亡率，标志放流技术由此发展起来。最初标志放流技术仅用于研究鱼类的洄游，通常是给鱼做上标记后放流，再根据标志鱼的回捕记录，绘制该鱼种的洄游路线图和回捕分布图，用以推测其游动的方向、路线、范围和速度。

近年来，利用标志鱼类的回捕率以及体长、体质量等生物学数据，还可以估算标志鱼类群体的变动，评价增殖放流的效果等。

我国以中国对虾放流为代表的近海资源修复起步于20世纪80年代初，至今已发展到牙鲆、真鲷、黑鲷、大黄鱼、梭鱼、日本对虾、梭子蟹、海蜇、扇贝、魁蚶、海参、海胆、鲍等几十个种类，放流范围也逐渐遍及整个中国沿海，重点分布在黄海、渤海和浙江的沿海海域。自20世纪80年代初开始，近海资源增殖和大规模生产性种苗放流试验开始进行，多年的实践表明，渔业资源增殖放流是恢复水生生物资源的重要和有效手段。加强资源增殖放流对恢复渔业资源、提高渔业产量和质量有着重要意义。2008年我国放流鱼类、虾类、贝类等共计100多个品种，197亿尾（粒），共投入放流资金3.11亿元，取得了巨大的成就。

尽管我国渔业资源放流从中国对虾开始已有近30年的历史，近海渔业资源放流的规模不断加大，但由于研究工作参与不够，基础研究明显滞后，这期间开展的大规模生产性放流缺乏科学指导，在某种意义上带有很大的盲目性，对回捕率的悬殊变化无法做出科学解释。对虾生产性放流在 20 世纪 80 年代的回捕率高达 10％左右，90 年代初降为不足 5％，1993 年以后又进一步降为不足 3％的水平。另外，个别地区还将国外引进的外来物种进行放流，使资源放流存在种质混杂和生物入侵的重大隐患。

"十一五"期间，随着生态环境修复和生物多样性保护的需求，我国投入了大量资金开展大黄鱼、黑鲷、牙鲆、梭子蟹、日本对虾、海蜇、贝类等苗种的大规模放流生产，并在放流中使用了不同的标志方法对放流种类的幼鱼进行标志，对不同标志方法的标志效果进行评价，使我国放流修复关键技术有了很大提高。

十六、"世界海洋日"暨"全国海洋宣传日"由来

　　2008年，国家海洋局决定启动"全国海洋宣传日"活动，将时间定于每年的7月18日，并成立了"全国海洋宣传日"组织委员会（以下简称"组委会"）。每年的7月18日，组委会都将统一部署，组织不同主题的大型海洋宣传活动，目的在于通过连续性、大规模、多角度的宣传，以全民参与的社会活动为载体，以媒体宣传报道为介质，构建海洋意识宣传平台，主动传播海洋知识，挖掘、传承海洋文化，引导舆论关注海洋热点问题，促进全社会认识海洋、关注海洋、善待海洋和可持续开发利用海洋，努力提高全民族的海洋意识。

　　2010年，我国将7月18日的"全国海洋宣传日"调整到6月8日，与2008年第63届联合国大会决定的每年6月8日的"世界海洋日"一并更名为"世界海洋日暨全国海洋宣传日"。

十七、海洋卫星发展规划

从"九五"开始，国家海洋局组织制定了《我国海洋卫星与卫星海洋应用体系发展规划》，并得到不断完善。近期，在国土资源部的牵头组织下，国家海洋局完成了《陆海观测卫星业务发展规划》的编报工作，对每一种类型的海洋卫星的功能给予了明确定位。从 2002—2010 年，连续 9 年，每年发布《中国海洋卫星应用报告》，对海洋卫星的应用工作进行总结。

海洋水色环境（"海洋一号"）卫星序列主要用于获取我国近海和全球海洋水色水温及海岸带动态变化信息，遥感载荷为海洋水色扫描仪和海岸带成像仪。

海洋动力环境（"海洋二号"）卫星序列主要用于全天时、全天候获取我国近海和全球范围的海面风场、海面高度、海浪与海面温度等海洋动力环境信息，遥感载荷包括微波散射计、雷达高度计和微波辐射计。

"海洋二号"卫星与"海洋一号"卫星相比，除了体积、总质量、功耗等不同外，它的探测目标、探测手段、轨道参数、卫星平台规模以及有效载荷等也都不一样。"海洋二号"卫星主要探测风、浪、流等海洋动力环境要素；"海洋一号"卫星主要探测海洋水色要素。"海洋二号"卫星轨道高度为 971 千米，设计为晨昏轨道；"海洋一号"卫星轨道高度为 798 千米，降交点地方时为 10∶30。"海洋二号"卫星采用大卫星平台，质量达 1 575 千克；"海洋一号"卫星采用小卫星平台，质量约为 400 千克。"海洋二号"卫星载有 4 个微波遥感载荷：微波散射计、雷达高度计、扫描微波辐射计和校正微波辐射计，可以实现对全球海面的风场、海面高度、波高和海面温度等海洋动力环境信息的全天时、全天候监测；"海洋一号"卫星是光学遥感卫星，载有 2 个光学遥感载荷：海洋水色扫描仪和海岸带成像仪，用于获取我国近海和全球海洋水色水温及海岸带动态变化信息。

总体来说，"海洋二号"卫星的优势在于采用了主动、被动微波遥感探测技术，可对海洋动力环境进行全天时、全天候监测。但"海洋一号"卫星和"海洋二号"卫星都各有各自的使命，不能相互替代，而是相辅相成、相互补充的。

"海洋二号"是我国首颗海洋动力环境卫星，利用微波遥感探测技术，可全天候、全天时获得海面风场、海面高度、有效波高、海洋重力场、大洋环流和海表温度等海洋动力环境参数，可大大提高灾害性海况预报的时效性和准确性。

"海洋二号"还是我国首颗具有精密定轨能力的卫星。卫星上装载了 3 套专为精密定轨服务的系统，以保证实现对"海洋二号"卫星的高精度测定轨。卫星上装载了大小不同的多达十余副天线，频率覆盖了 S、X、Ka 及 Ku 等多个频段。大功率发射天线和高灵敏度接收天线、高增益笔形波束天线和覆盖地球的宽波束天线共存，其极化方式各不一样，电磁环境十分复杂。

与目前航天领域使用的微波通信相比，激光通信的优点是具有更大容量的带宽，可实现高码速率、大数据量传输。此次搭载"海洋二号"卫星进行星地激光通信链路新技术试验在我国尚属首次，在传输技术手段和可靠性方面将得到验证，对于今后卫星与卫星之间以及卫星与地球之间的大数据量传输来说，意义重大。

我国自行研制生产的关键部件——脉冲行波管放大器作为主任务搭载"海洋二号"卫星，完成在轨验证。行波管放大器是航天技术的关键部件，我国长期依赖进口，且受到诸多限制。此次"海洋二号"卫星使用国产的行波管放大器进行试验，也是对我国航天技术发展的一大贡献。

海洋雷达（"海洋三号"）卫星序列主要用于全天时、全天候监视海岛、海岸带和海上目标，并获取海洋浪场、风暴潮漫滩、内波、海冰和溢油等信息，遥感载荷为多极化、多模式合成孔径雷达。

附　　录

中华人民共和国海洋环境保护法

（1982 年 8 月 23 日第五届全国人民代表大会常务委员会第二十四次会议通过；1999 年 12 月 25 日第九届全国人民代表大会常务委员会第十三次会议修订通过；根据 2013 年 12 月 28 日第十二届全国人民代表大会常务委员会第六次会议《关于修改〈中华人民共和国海洋环境保护法〉等七部法律的决定》修正；根据 2016 年 11 月 7 日主席令第 56 号《全国人大常委会关于修改〈中华人民共和国海洋环境保护法〉的决定》修改。）

目　　录

第一章　总　则

第一条　为了保护和改善海洋环境，保护海洋资源，防治污染损害，维护生态平衡，保障人体健康，促进经济和社会的可持续发展，制定本法。

第二条　本法适用于中华人民共和国内水、领海、毗连区、专属经济区、大陆架以及中华人民共和国管辖的其他海域。

在中华人民共和国管辖海域内从事航行、勘探、开发、生产、旅游、科学研究及其他活动，或者在沿海陆域内从事影响海洋环境活动的任何单位和个人，都必须遵守本法。

在中华人民共和国管辖海域以外，造成中华人民共和国管辖海域污染的，也适用本法。

第三条　国家在重点海洋生态功能区、生态环境敏感区和脆弱区等海域划定生态保护红线，实行严格保护。国家建立并实施重点海域排污总量控制制度，确定主要污染物排海总量控制指标，并对主要污染源分配排放控制数量。具体办法由国务院制定。

第四条　一切单位和个人都有保护海洋环境的义务，并有权对污染损害海洋环境的单位和个人，以及海洋环境监督管理人员的违法失职行为进行监督和检举。

第五条　国务院环境保护行政主管部门作为对全国环境保护工作统一监督管理的部门，对全国海洋环境保护工作实施指导、协调和监督，并负责全国防治陆源污染物和海岸工程建设项目对海洋污染损害的环境保护工作。

国家海洋行政主管部门负责海洋环境的监督管理，组织海洋环境的调查、监测、监视、评价和科学研究，负责全国防治海洋工程建设项目和海洋倾倒废弃物对海洋污染损害的环境保护工作。

国家海事行政主管部门负责所辖港区水域内非军事船舶和港区水域外非渔业、非军事船舶污染海洋环境的监督管理，并负责污染事故的调查处理；对在中华人民共和国管辖海域航行、停泊和作业的外国籍船舶造成的污染事故登轮检查处理。船舶污染事故给渔业造成损害的，应当吸收渔业行政主管部门参与调查处理。

国家渔业行政主管部门负责渔港水域内非军事船舶和渔港水域外渔业船舶污染海洋环境的监督管理，负责保护渔业水域生态环境工作，并调查处理前款规定的污染事故以外的渔业污染事故。

军队环境保护部门负责军事船舶污染海洋环境的监督管理及污染事故的调查处理。

沿海县级以上地方人民政府行使海洋环境监督管理权的部门的职责，由省、自治区、直辖市人民政府根据本法及国务院有关规定确定。

第六条　环境保护行政主管部门、海洋行政主管部门和其他行使海洋环境监督管理权的部门，根据职责分工依法公开海洋环境相关信息；相关排污单位应当依法公开排污信息。

第二章　海洋环境监督管理

第七条　国家海洋行政主管部门会同国务院有关部门和沿海省、自治区、直辖市人民政府根据全国海洋主体功能区规划，拟定全国海洋功能区划，报国务院批准。

沿海地方各级人民政府应当根据全国和地方海洋功能区划，保护和科学合理地使用海域。

第八条　国家根据海洋功能区划制定全国海洋环境保护规划和重点海域区域性海洋环境保护规划。

毗邻重点海域的有关沿海省、自治区、直辖市人民政府及行使海洋环境监督管理权的部门，可以建立海洋环境保护区域合作组织，负责实施重点海域区域性海洋环境保护规划、海洋环境污染的防治和海洋生态保护工作。

第九条　跨区域的海洋环境保护工作，由有关沿海地方人民政府协商解决，或者由上级人民政府协调解决。

跨部门的重大海洋环境保护工作，由国务院环境保护行政主管部门协调；协调未能解决的，由国务院作出决定。

第十条　国家根据海洋环境质量状况和国家经济、技术条件，制定国家海洋环境质量标准。

沿海省、自治区、直辖市人民政府对国家海洋环境质量标准中未作规定的项目，可以制定地方海洋环境质量标准。

沿海地方各级人民政府根据国家和地方海洋环境质量标准的规定和本行政区近岸海域环境质量状况，确定海洋环境保护的目标和任务，并纳入人民政府工作计划，按相应的海洋环境质量标准实施管理。

第十一条　国家和地方水污染物排放标准的制定，应当将国家和地方海洋环境质量标准作为重要依据之一。在国家建立并实施排污总量控制制度的重点海域，水污染物排放标准的制定，还应当将主要污染物排海总量控制指标作为重要依据。

排污单位在执行国家和地方水污染物排放标准的同时，应当遵守分解落实到本单位的主要污染物排海总量控制指标。

对超过主要污染物排海总量控制指标的重点海域和未完成海洋环境保护目标、任务的海域，省级以上人民政府环境保护行政主管部门、海洋行政主管部门，根据职责分工暂停审批新增相应种类污染物排放总量的建设项目环境影响报告书（表）。

第十二条　直接向海洋排放污染物的单位和个人，必须按照国家规定缴纳排污费。依照法律规定缴纳环境保护税的，不再缴纳排污费。

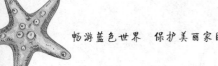

向海洋倾倒废弃物，必须按照国家规定缴纳倾倒费。

根据本法规定征收的排污费、倾倒费，必须用于海洋环境污染的整治，不得挪作他用。具体办法由国务院规定。

第十三条 国家加强防治海洋环境污染损害的科学技术的研究和开发，对严重污染海洋环境的落后生产工艺和落后设备，实行淘汰制度。

企业应当优先使用清洁能源，采用资源利用率高、污染物排放量少的清洁生产工艺，防止对海洋环境的污染。

第十四条 国家海洋行政主管部门按照国家环境监测、监视规范和标准，管理全国海洋环境的调查、监测、监视，制定具体的实施办法，会同有关部门组织全国海洋环境监测、监视网络，定期评价海洋环境质量，发布海洋巡航监视通报。

依照本法规定行使海洋环境监督管理权的部门分别负责各自所辖水域的监测、监视。

其他有关部门根据全国海洋环境监测网的分工，分别负责对入海河口、主要排污口的监测。

第十五条 国务院有关部门应当向国务院环境保护行政主管部门提供编制全国环境质量公报所必需的海洋环境监测资料。

环境保护行政主管部门应当向有关部门提供与海洋环境监督管理有关的资料。

第十六条 国家海洋行政主管部门按照国家制定的环境监测、监视信息管理制度，负责管理海洋综合信息系统，为海洋环境保护监督管理提供服务。

第十七条 因发生事故或者其他突发性事件，造成或者可能造成海洋环境污染事故的单位和个人，必须立即采取有效措施，及时向可能受到危害者通报，并向依照本法规定行使海洋环境监督管理权的部门报告，接受调查处理。

沿海县级以上地方人民政府在本行政区域近岸海域的环境受到严重污染时，必须采取有效措施，解除或者减轻危害。

第十八条 国家根据防止海洋环境污染的需要，制定国家重大海上污染事故应急计划。

国家海洋行政主管部门负责制定全国海洋石油勘探开发重大海上溢油应急计划，报国务院环境保护行政主管部门备案。

国家海事行政主管部门负责制定全国船舶重大海上溢油污染事故应急计划，报国务院环境保护行政主管部门备案。

沿海可能发生重大海洋环境污染事故的单位，应当依照国家的规定，制定污染事故应急计划，并向当地环境保护行政主管部门、海洋行政主管部门备案。

沿海县级以上地方人民政府及其有关部门在发生重大海上污染事故时，必须按照应急计划解除或者减轻危害。

第十九条　依照本法规定行使海洋环境监督管理权的部门可以在海上实行联合执法，在巡航监视中发现海上污染事故或者违反本法规定的行为时，应当予以制止并调查取证，必要时有权采取有效措施，防止污染事态的扩大，并报告有关主管部门处理。

依照本法规定行使海洋环境监督管理权的部门，有权对管辖范围内排放污染物的单位和个人进行现场检查。被检查者应当如实反映情况，提供必要的资料。

检查机关应当为被检查者保守技术秘密和业务秘密。

第三章　海洋生态保护

第二十条　国务院和沿海地方各级人民政府应当采取有效措施，保护红树林、珊瑚礁、滨海湿地、海岛、海湾、入海河口、重要渔业水域等具有典型性、代表性的海洋生态系统，珍稀、濒危海洋生物的天然集中分布区，具有重要经济价值的海洋生物生存区域及有重大科学文化价值的海洋自然历史遗迹和自然景观。

对具有重要经济、社会价值的已遭到破坏的海洋生态，应当进行整治和恢复。

第二十一条　国务院有关部门和沿海省级人民政府应当根据保护海洋生态的需要，选划、建立海洋自然保护区。

国家级海洋自然保护区的建立，须经国务院批准。

第二十二条　凡具有下列条件之一的，应当建立海洋自然保护区：

（一）典型的海洋自然地理区域、有代表性的自然生态区域，以及遭受破坏但经保护能恢复的海洋自然生态区域；

（二）海洋生物物种高度丰富的区域，或者珍稀、濒危海洋生物物种的天然集中分布区域；

（三）具有特殊保护价值的海域、海岸、岛屿、滨海湿地、入海河口和海湾等；

（四）具有重大科学文化价值的海洋自然遗迹所在区域；

（五）其他需要予以特殊保护的区域。

第二十三条　凡具有特殊地理条件、生态系统、生物与非生物资源及海洋开发利用特殊需要的区域，可以建立海洋特别保护区，采取有效的保护措施和科学的开发方式进行特殊管理。

第二十四条　国家建立健全海洋生态保护补偿制度。

开发利用海洋资源，应当根据海洋功能区划合理布局，严格遵守生态保护红线，不得造成海洋生态环境破坏。

第二十五条　引进海洋动植物物种，应当进行科学论证，避免对海洋生态系统造成危害。

第二十六条　开发海岛及周围海域的资源，应当采取严格的生态保护措施，不得造成海岛地形、岸滩、植被以及海岛周围海域生态环境的破坏。

第二十七条　沿海地方各级人民政府应当结合当地自然环境的特点，建设海岸防护设施、沿海防护林、沿海城镇园林和绿地，对海岸侵蚀和海水入侵地区进行综合治理。

禁止毁坏海岸防护设施、沿海防护林、沿海城镇园林和绿地。

第二十八条　国家鼓励发展生态渔业建设，推广多种生态渔业生产方式，改善海洋生态状况。

新建、改建、扩建海水养殖场，应当进行环境影响评价。

海水养殖应当科学确定养殖密度，并应当合理投饵、施肥，正确使用药物，防止造成海洋环境的污染。

第四章　防治陆源污染物对海洋环境的污染损害

第二十九条　向海域排放陆源污染物，必须严格执行国家或者地方规定的标准和有关规定。

第三十条　入海排污口位置的选择，应当根据海洋功能区划、海水动力条件和有关规定，经科学论证后，报设区的市级以上人民政府环境保护行政主管部门审查批准。

环境保护行政主管部门在批准设置入海排污口之前，必须征求海洋、海事、渔业行政主管部门和军队环境保护部门的意见。

在海洋自然保护区、重要渔业水域、海滨风景名胜区和其他需要特别保护的区域，不得新建排污口。

在有条件的地区，应当将排污口深海设置，实行离岸排放。设置陆源污染物深海离岸排放排污口，应当根据海洋功能区划、海水动力条件和海底工程设施的有关情况确定，具体办法由国务院规定。

第三十一条　省、自治区、直辖市人民政府环境保护行政主管部门和水行政主管部门应当按照水污染防治有关法律的规定，加强入海河流管理，防治污染，使入海河口的水质处于良好状态。

第三十二条　排放陆源污染物的单位，必须向环境保护行政主管部门申报拥有的陆源污染物排放设施、处理设施和在正常作业条件下排放陆源污染物的种类、数量和浓度，并提供防治海洋环境污染方面的有关技术和资料。

排放陆源污染物的种类、数量和浓度有重大改变的，必须及时申报。

第三十三条　禁止向海域排放油类、酸液、碱液、剧毒废液和高、中水平放射性废水。

严格限制向海域排放低水平放射性废水；确需排放的，必须严格执行国家辐射防护规定。

严格控制向海域排放含有不易降解的有机物和重金属的废水。

第三十四条　含病原体的医疗污水、生活污水和工业废水必须经过处理，符合国家有关排放标准后，方能排入海域。

第三十五条　含有机物和营养物质的工业废水、生活污水，应当严格控制向海湾、半封闭海及其他自净能力较差的海域排放。

第三十六条　向海域排放含热废水，必须采取有效措施，保证邻近渔业水域的水温符合国家海洋环境质量标准，避免热污染对水产资源的危害。

第三十七条　沿海农田、林场施用化学农药，必须执行国家农药安全使用的规定和标准。

沿海农田、林场应当合理使用化肥和植物生长调节剂。

第三十八条　在岸滩弃置、堆放和处理尾矿、矿渣、煤灰渣、垃圾和其他固体废物的，依照《中华人民共和国固体废物污染环境防治法》的有关规定执行。

第三十九条　禁止经中华人民共和国内水、领海转移危险废物。

经中华人民共和国管辖的其他海域转移危险废物的，必须事先取得国务院环境保护行政主管部门的书面同意。

第四十条　沿海城市人民政府应当建设和完善城市排水管网，有计划地建设城市污水处理厂或者其他污水集中处理设施，加强城市污水的综合整治。

建设污水海洋处置工程，必须符合国家有关规定。

第四十一条　国家采取必要措施，防止、减少和控制来自大气层或者通过大气层造成的海洋环境污染损害。

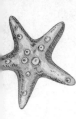

第五章　防治海岸工程建设项目对海洋环境的污染损害

第四十二条　新建、改建、扩建海岸工程建设项目，必须遵守国家有关建设项目环境保护管理的规定，并把防治污染所需资金纳入建设项目投资计划。

在依法划定的海洋自然保护区、海滨风景名胜区、重要渔业水域及其他需要特别保护的区域，不得从事污染环境、破坏景观的海岸工程项目建设或者其他活动。

第四十三条　海岸工程建设项目单位，必须对海洋环境进行科学调查，根据自然条件和社会条件，合理选址，编制环境影响报告书（表）。在建设项目开工前，将环境影响报告书（表）报环境保护行政主管部门审查批准。

环境保护行政主管部门在批准环境影响报告书（表）之前，必须征求海洋、海事、渔业行政主管部门和军队环境保护部门的意见。

第四十四条　海岸工程建设项目的环境保护设施，必须与主体工程同时设计、同时施工、同时投产使用。环境保护设施应当符合经批准的环境影响评价报告书（表）的要求。

第四十五条　禁止在沿海陆域内新建不具备有效治理措施的化学制浆造纸、化工、印染、制革、电镀、酿造、炼油、岸边冲滩拆船以及其他严重污染海洋环境的工业生产项目。

第四十六条　兴建海岸工程建设项目，必须采取有效措施，保护国家和地方重点保护的野生动植物及其生存环境和海洋水产资源。

严格限制在海岸采挖砂石。露天开采海滨砂矿和从岸上打井开采海底矿产资源，必须采取有效措施，防止污染海洋环境。

第六章　防治海洋工程建设项目对海洋环境的污染损害

第四十七条　海洋工程建设项目必须符合全国海洋主体功能区规划、海洋功能区划、海洋环境保护规划和国家有关环境保护标准。海洋工程建设项目单位应当对海洋环境进行科学调查，编制海洋环境影响报告书（表），并在建设项目开工前，报海洋行政主管部门审查批准。

海洋行政主管部门在批准海洋环境影响报告书（表）之前，必须征求海事、渔业行政主管部门和军队环境保护部门的意见。

第四十八条　海洋工程建设项目的环境保护设施，必须与主体工程同时设计、同时施工、同时投产使用。环境保护设施未经海洋行政主管部门验收，或者经验收不合格的，建设项目不得投入生产或者使用。

拆除或者闲置环境保护设施，必须事先征得海洋行政主管部门的同意。

　　第四十九条　海洋工程建设项目，不得使用含超标准放射性物质或者易溶出有毒有害物质的材料。

　　第五十条　海洋工程建设项目需要爆破作业时，必须采取有效措施，保护海洋资源。

　　海洋石油勘探开发及输油过程中，必须采取有效措施，避免溢油事故的发生。

　　第五十一条　海洋石油钻井船、钻井平台和采油平台的含油污水和油性混合物，必须经过处理达标后排放；残油、废油必须予以回收，不得排放入海。经回收处理后排放的，其含油量不得超过国家规定的标准。

　　钻井所使用的油基泥浆和其他有毒复合泥浆不得排放入海。水基泥浆和无毒复合泥浆及钻屑的排放，必须符合国家有关规定。

　　第五十二条　海洋石油钻井船、钻井平台和采油平台及其有关海上设施，不得向海域处置含油的工业垃圾。处置其他工业垃圾，不得造成海洋环境污染。

　　第五十三条　海上试油时，应当确保油气充分燃烧，油和油性混合物不得排放入海。

　　第五十四条　勘探开发海洋石油，必须按有关规定编制溢油应急计划，报国家海洋行政主管部门的海区派出机构备案。

第七章　防治倾倒废弃物对海洋环境的污染损害

　　第五十五条　任何单位未经国家海洋行政主管部门批准，不得向中华人民共和国管辖海域倾倒任何废弃物。

　　需要倾倒废弃物的单位，必须向国家海洋行政主管部门提出书面申请，经国家海洋行政主管部门审查批准，发给许可证后，方可倾倒。

　　禁止中华人民共和国境外的废弃物在中华人民共和国管辖海域倾倒。

　　第五十六条　国家海洋行政主管部门根据废弃物的毒性、有毒物质含量和对海洋环境影响程度，制定海洋倾倒废弃物评价程序和标准。

　　向海洋倾倒废弃物，应当按照废弃物的类别和数量实行分级管理。

　　可以向海洋倾倒的废弃物名录，由国家海洋行政主管部门拟定，经国务院环境保护行政主管部门提出审核意见后，报国务院批准。

　　第五十七条　国家海洋行政主管部门按照科学、合理、经济、安全的原则选划海洋倾倒区，经国务院环境保护行政主管部门提出审核意见后，报国务院批准。

临时性海洋倾倒区由国家海洋行政主管部门批准，并报国务院环境保护行政主管部门备案。

国家海洋行政主管部门在选划海洋倾倒区和批准临时性海洋倾倒区之前，必须征求国家海事、渔业行政主管部门的意见。

第五十八条　国家海洋行政主管部门监督管理倾倒区的使用，组织倾倒区的环境监测。对经确认不宜继续使用的倾倒区，国家海洋行政主管部门应当予以封闭，终止在该倾倒区的一切倾倒活动，并报国务院备案。

第五十九条　获准倾倒废弃物的单位，必须按照许可证注明的期限及条件，到指定的区域进行倾倒。废弃物装载之后，批准部门应当予以核实。

第六十条　获准倾倒废弃物的单位，应当详细记录倾倒的情况，并在倾倒后向批准部门作出书面报告。倾倒废弃物的船舶必须向驶出港的海事行政主管部门作出书面报告。

第六十一条　禁止在海上焚烧废弃物。

禁止在海上处置放射性废弃物或者其他放射性物质。废弃物中的放射性物质的豁免浓度由国务院制定。

第八章　防治船舶及有关作业活动对海洋环境的污染损害

第六十二条　在中华人民共和国管辖海域，任何船舶及相关作业不得违反本法规定向海洋排放污染物、废弃物和压载水、船舶垃圾及其他有害物质。

从事船舶污染物、废弃物、船舶垃圾接收、船舶清舱、洗舱作业活动的，必须具备相应的接收处理能力。

第六十三条　船舶必须按照有关规定持有防止海洋环境污染的证书与文书，在进行涉及污染物排放及操作时，应当如实记录。

第六十四条　船舶必须配置相应的防污设备和器材。

载运具有污染危害性货物的船舶，其结构与设备应当能够防止或者减轻所载货物对海洋环境的污染。

第六十五条　船舶应当遵守海上交通安全法律、法规的规定，防止因碰撞、触礁、搁浅、火灾或者爆炸等引起的海难事故，造成海洋环境的污染。

第六十六条　国家完善并实施船舶油污损害民事赔偿责任制度；按照船舶油污损害赔偿责任由船东和货主共同承担风险的原则，建立船舶油污保险、油污损害赔偿基金制度。

实施船舶油污保险、油污损害赔偿基金制度的具体办法由国务院规定。

第六十七条　载运具有污染危害性货物进出港口的船舶，其承运人、货物所有人或者代理人，必须事先向海事行政主管部门申报。经批准后，方可进出港口、过境停留或者装卸作业。

第六十八条　交付船舶装运污染危害性货物的单证、包装、标志、数量限制等，必须符合对所装货物的有关规定。

需要船舶装运污染危害性不明的货物，应当按照有关规定事先进行评估。

装卸油类及有毒有害货物的作业，船岸双方必须遵守安全防污操作规程。

第六十九条　港口、码头、装卸站和船舶修造厂必须按照有关规定备有足够的用于处理船舶污染物、废弃物的接收设施，并使该设施处于良好状态。

装卸油类的港口、码头、装卸站和船舶必须编制溢油污染应急计划，并配备相应的溢油污染应急设备和器材。

第七十条　船舶及有关作用活动应当遵守有关法律法规和标准，采取有效措施，防止造成海洋环境污染。海事行政主管部门等有关部门应当加强对船舶及有关作业活动的监督管理。

船舶进行散装液体污染危害性货物的过驳作业，应当事先按照有关规定报海事行政主管部门批准。

从事船舶水上拆解、打捞、修造和其他水上、水下船舶施工作业。

第七十一条　船舶发生海难事故，造成或者可能造成海洋环境重大污染损害的，国家海事行政主管部门有权强制采取避免或者减少污染损害的措施。

对在公海上因发生海难事故，造成中华人民共和国管辖海域重大污染损害后果或者具有污染威胁的船舶、海上设施，国家海事行政主管部门有权采取与实际的或者可能发生的损害相称的必要措施。

第七十二条　所有船舶均有监视海上污染的义务，在发现海上污染事故或者违反本法规定的行为时，必须立即向就近的依照本法规定行使海洋环境监督管理权的部门报告。

民用航空器发现海上排污或者污染事件，必须及时向就近的民用航空空中交通管制单位报告。接到报告的单位，应当立即向依照本法规定行使海洋环境监督管理权的部门通报。

第九章　法律责任

第七十三条　违反本法有关规定，有下列行为之一的，由依照本法规定行使海洋环境监督管理权的部门责令停止违法行为、限期改正或者责令采取限制生产、停产整治等措施；拒不改正的，依法作出处罚决定的部门可以自责令改正之日的次日起，按照原罚款数额按日连续处罚；情节严重的，报经有批准权的人民政府批准，责令停业、关闭，并处以罚款：

（一）向海域排放本法禁止排放的污染物或者其他物质的；

（二）不按照本法规定向海洋排放污染物，或者超过标准、总量控制指标排放污染物的；

（三）未取得海洋倾倒许可证，向海洋倾倒废弃物的；

（四）因发生事故或者其他突发性事件，造成海洋环境污染事故，不立即采取处理措施的。

有前款第（一）、（三）项行为之一的，处三万元以上二十万元以下的罚款；有前款第（二）、（四）项行为之一的，处二万元以上十万元以下的罚款。

第七十四条 违反本法有关规定，有下列行为之一的，由依照本法规定行使海洋环境监督管理权的部门予以警告，或者处以罚款：

（一）不按照规定申报，甚至拒报污染物排放有关事项，或者在申报时弄虚作假的；

（二）发生事故或者其他突发性事件不按照规定报告的；

（三）不按照规定记录倾倒情况，或者不按照规定提交倾倒报告的；

（四）拒报或者谎报船舶载运污染危害性货物申报事项的。

有前款第（一）、（三）项行为之一的，处二万元以下的罚款；有前款第（二）、（四）项行为之一的，处五万元以下的罚款。

第七十五条 违反本法第十九条第二款的规定，拒绝现场检查，或者在被检查时弄虚作假的，由依照本法规定行使海洋环境监督管理权的部门予以警告，并处二万元以下的罚款。

第七十六条 违反本法规定，造成珊瑚礁、红树林等海洋生态系统及海洋水产资源、海洋保护区破坏的，由依照本法规定行使海洋环境监督管理权的部门责令限期改正和采取补救措施，并处一万元以上十万元以下的罚款；有违法所得的，没收其违法所得。

第七十七条 违反本法第三十条第一款、第三款规定设置入海排污口的，由县级以上地方人民政府环境保护行政主管部门责令其关闭，并处二万元以上十万元以下的罚款。

第七十八条 违反本法第三十九条第二款的规定，经中华人民共和国管辖海域，转移危险废物的，由国家海事行政主管部门责令非法运输该危险废物的船舶退出中华人民共和国管辖海域，并处五万元以上五十万元以下的罚款。

第七十九条　海岸工程建设项目未依法进行环境影响评价的，依照《中华人民共和国环境影响评价法》的规定处理。

第八十条　违反本法第四十四条的规定，海岸工程建设项目未建成环境保护设施，或者环境保护设施未达到规定要求即投入生产、使用的，由环境保护行政主管部门责令其停止生产或者使用，并处二万元以上十万元以下的罚款。

第八十一条　违反本法第四十五条的规定，新建严重污染海洋环境的工业生产建设项目的，按照管理权限，由县级以上人民政府责令关闭。

第八十二条　违反本法第四十七条第一款的规定，进行海洋工程建设项目的，由海洋行政主管部门责令其停止施工，根据违法情节和危害后果，处建设项目总投资额百分之一以上百分之五以下的罚款，并可以责令恢复原状。

违反本法第四十八条的规定，海洋工程建设项目未建成环境保护设施、环境保护设施未达到规定要求即投入生产、使用的，由海洋行政主管部门责令其停止生产、使用，并处五万元以上二十万元以下的罚款。

第八十三条　违反本法第四十九条的规定，使用含超标准放射性物质或者易溶出有毒有害物质材料的，由海洋行政主管部门处五万元以下的罚款，并责令其停止该建设项目的运行，直到消除污染危害。

第八十四条　违反本法规定进行海洋石油勘探开发活动，造成海洋环境污染的，由国家海洋行政主管部门予以警告，并处二万元以上二十万元以下的罚款。

第八十五条　违反本法规定，不按照许可证的规定倾倒，或者向已经封闭的倾倒区倾倒废弃物的，由海洋行政主管部门予以警告，并处三万元以上二十万元以下的罚款；对情节严重的，可以暂扣或者吊销许可证。

第八十六条　违反本法第五十五条第三款的规定，将中华人民共和国境外废弃物运进中华人民共和国管辖海域倾倒的，由国家海洋行政主管部门予以警告，并根据造成或者可能造成的危害后果，处十万元以上一百万元以下的罚款。

第八十七条　违反本法规定，有下列行为之一的，由依照本法规定行使海洋环境监督管理权的部门予以警告，或者处以罚款：

（一）港口、码头、装卸站及船舶未配备防污设施、器材的；

（二）船舶未持有防污证书、防污文书，或者不按照规定记载排污记录的；

（三）从事水上和港区水域拆船、旧船改装、打捞和其他水上、水下施工作业，造成海洋环境污染损害的；

（四）船舶载运的货物不具备防污适运条件的。

有前款第（一）、（四）项行为之一的，处二万元以上十万元以下的罚款；有前款第（二）项行为的，处二万元以下的罚款；有前款第（三）项行为的，处五万元以上二十万元以下的罚款。

第八十八条 违反本法规定，船舶、石油平台和装卸油类的港口、码头、装卸站不编制溢油应急计划的，由依照本法规定行使海洋环境监督管理权的部门予以警告，或者责令限期改正。

第八十九条 造成海洋环境污染损害的责任者，应当排除危害，并赔偿损失；完全由于第三者的故意或者过失，造成海洋环境污染损害的，由第三者排除危害，并承担赔偿责任。

对破坏海洋生态、海洋水产资源、海洋保护区，给国家造成重大损失的，由依照本法规定行使海洋环境监督管理权的部门代表国家对责任者提出损害赔偿要求。

第九十条 对违反本法规定，造成海洋环境污染事故的单位，除依法承担赔偿责任外，由依照本法规定行使海洋环境监督管理权的部门依照本条第二款的规定处以罚款；对直接负责的主管人员和其他直接责任人员可以处上一年度从本单位取得收入百分之五十以下的罚款；直接负责的主管人员和其他直接责任人员属于国家工作人员的，依法给予处分。

对造成一般或者较大海洋环境污染事故的，按照直接损失的百分之二十计算罚款；对造成重大或者特大海洋环境污染事故的，按照直接损失的百分之三十计算罚款。

对严重污染海洋环境、破坏海洋生态，构成犯罪的，依法追究刑事责任。

第九十一条 完全属于下列情形之一，经过及时采取合理措施，仍然不能避免对海洋环境造成污染损害的，造成污染损害的有关责任者免予承担责任：

（一）战争；

（二）不可抗拒的自然灾害；

（三）负责灯塔或者其他助航设备的主管部门，在执行职责时的疏忽，或者其他过失行为。

第九十二条　对违反本法第十二条有关缴纳排污费、倾倒费规定的行政处罚，由国务院规定。

第九十三条　海洋环境监督管理人员滥用职权、玩忽职守、徇私舞弊，造成海洋环境污染损害的，依法给予行政处分；构成犯罪的，依法追究刑事责任。

第十章　附　则

第九十四条　本法中下列用语的含义是：

（一）海洋环境污染损害，是指直接或者间接地把物质或者能量引入海洋环境，产生损害海洋生物资源、危害人体健康、妨害渔业和海上其他合法活动、损害海水使用素质和减损环境质量等有害影响。

（二）内水，是指我国领海基线向内陆一侧的所有海域。

（三）滨海湿地，是指低潮时水深浅于六米的水域及其沿岸浸湿地带，包括水深不超过六米的永久性水域、潮间带（或洪泛地带）和沿海低地等。

（四）海洋功能区划，是指依据海洋自然属性和社会属性，以及自然资源和环境特定条件，界定海洋利用的主导功能和使用范畴。

（五）渔业水域，是指鱼虾类的产卵场、索饵场、越冬场、洄游通道和鱼虾贝藻类的养殖场。

（六）油类，是指任何类型的油及其炼制品。

（七）油性混合物，是指任何含有油份的混合物。

（八）排放，是指把污染物排入海洋的行为，包括泵出、溢出、泄出、喷出和倒出。

（九）陆地污染源（简称陆源），是指从陆地向海域排放污染物，造成或者可能造成海洋环境污染的场所、设施等。

（十）陆源污染物，是指由陆地污染源排放的污染物。

（十一）倾倒，是指通过船舶、航空器、平台或者其他载运工具，向海洋处置废弃物和其他有害物质的行为，包括弃置船舶、航空器、平台及其辅助设施和其他浮动工具的行为。

（十二）沿海陆域，是指与海岸相连，或者通过管道、沟渠、设施，直接或者间接向海洋排放污染物及其相关活动的一带区域。

（十三）海上焚烧，是指以热摧毁为目的，在海上焚烧设施上，故意焚烧废弃物或者其他物质的行为，但船舶、平台或者其他人工构造物正常操作中，

所附带发生的行为除外。

　　第九十五条　涉及海洋环境监督管理的有关部门的具体职权划分，本法未作规定的，由国务院规定。

　　第九十六条　中华人民共和国缔结或者参加的与海洋环境保护有关的国际条约与本法有不同规定的，适用国际条约的规定；但是，中华人民共和国声明保留的条款除外。

　　第九十七条　本法自 2000 年 4 月 1 日起施行。

后　记

在人类求知的过程中，大自然奇妙的构建，给我们提供了睿智和创新的空间，自然界也伴随着一代代人探索的目光得以充分拓展。在充满好奇与幻想的年轻人的眼中，世界永远都是新的。

辽阔而深邃的海洋，就像一个神奇的魔术师，自古以来就以它特有的魅力和神秘莫测强烈地吸引着人们的目光。今天，我们把《畅游蓝色世界　保护美丽家园》一书献给青少年朋友们，让海洋里那些令人神往的一个个未知，化作一串串探索的钥匙，伴随新世纪的脚步，去打开未来世界的大门。作为面向青少年及社会公众普及海洋科学知识的平台，我们希望此书会让你们对海洋产生浓厚的兴趣，萌生想要更深入地了解它、更密切地亲近它、保护它并与它友好相处的美丽愿望。

历史已迈进新的世纪，人类对世界的认识也达到了一定的高度，但世界如此之大，已知世界与未知世界比起来也只不过是沧海一粟。神奇的海洋凭借着自己的浩瀚无边和深不可测，在不断地展示着自己的神秘和离奇，也在不断地挑战着人类的想象力与好奇心，相信此书会增强你们迎接挑战的激情与信心。

法国哲学家拉美特里说过："大海越是布满着暗礁，越是以险恶出名，我越觉得通过重重危难去寻找不朽是一件赏心乐事。"《畅游蓝色世界　保护美丽家园》一书正是从这个角度出发，以海洋中众多的未解之谜为切入点，全方位、多角度地将海洋世界展现在大家面前。为增强读者的感性认识，特别为您精心准备了大量的图片，以图文并茂的形式起到画龙点睛的作用。

通过阅读，我们不仅要了解认识海洋，更好地开发利用海洋资源，而且要下大力气保护海洋环境，让海洋更好地服务于人类。

　　因编者学识水平及认知能力有限，在对一些科学性知识的把握上，难免有错讹之处，欢迎大家的批评与指正。

　　本书在编写过程中，也得到了各方面有关人士的大力支持，在此一并表示感谢！

编　者

2017 年 3 月